U0145313

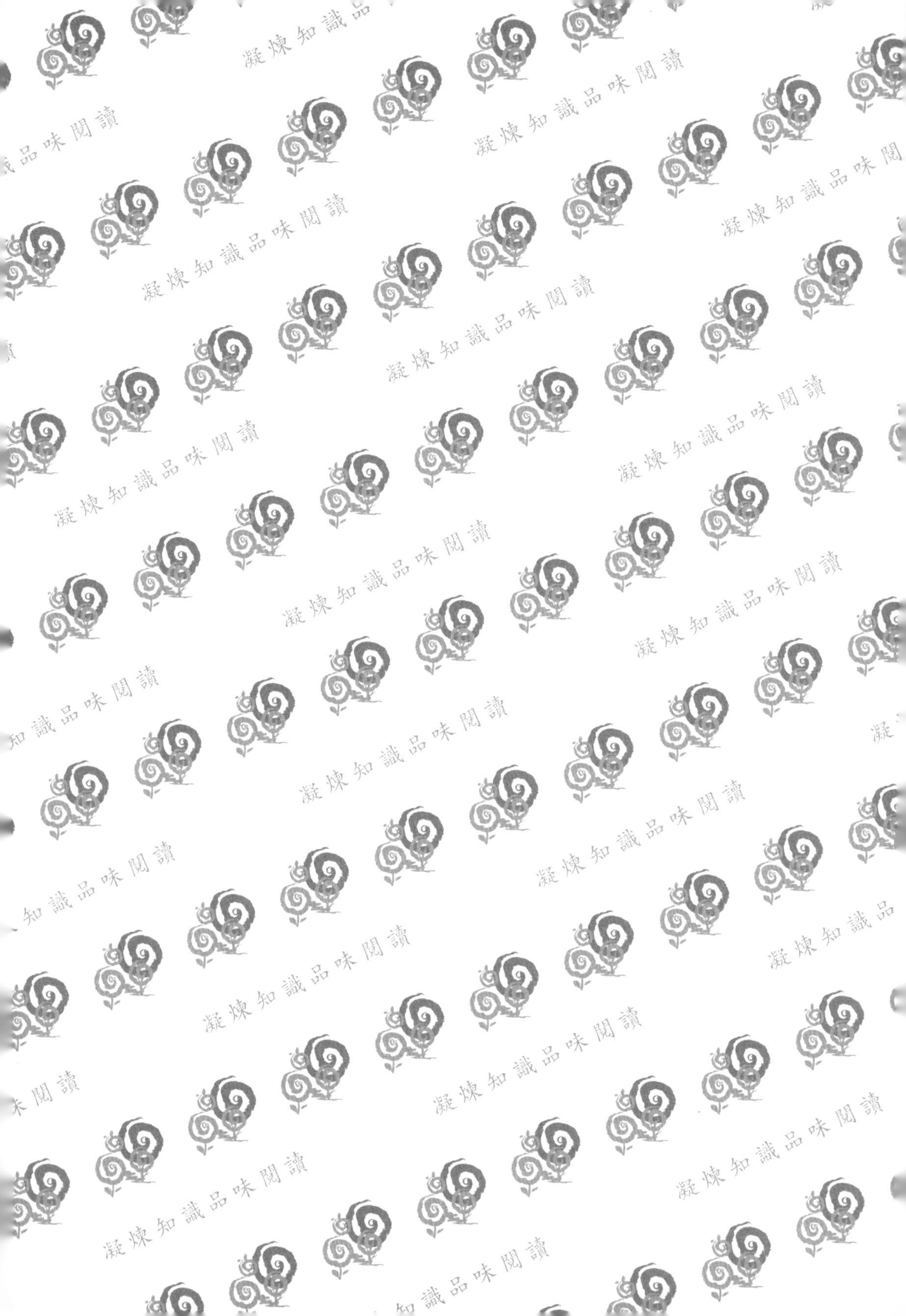
凝煉知識品味閱讀

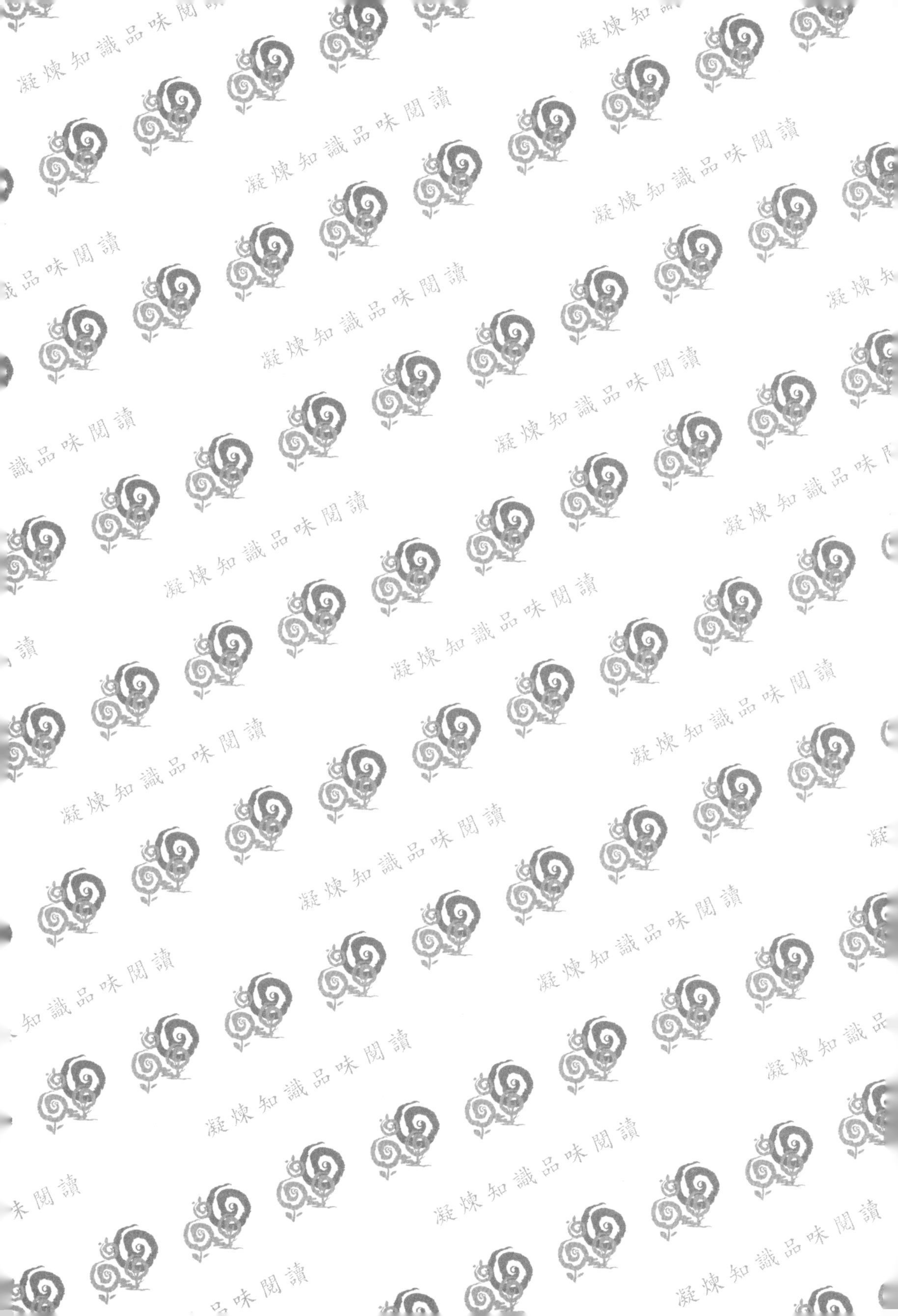
凝煉知識品味閱讀

超圖解

經營績效分析與管理

企業打造高績效祕訣

戴國良 博士 著

加速提升人才競爭力，超越對手！

五南圖書出版公司 印行

作者序言

一、提高經營績效的重要性

企業界每天都在兢兢業業的努力工作、努力打拼，為的就是做出好成績，有好的經營績效，公司就可以勝過競爭對手，就可以享有較高的市場占有率、市場股價及市場領導力，並且深受大衆股東及全體員工的愛護及支持，使公司可以長期永續經營下去。

因此，企業界究竟該如何做，才能打造出高績效組織？以及如何做，才能提高公司的高經營績效？這就成了企業界長期努力的目標及追求的終極。

二、本書六大特色

本書具有以下六大特色：

（一）精選13位大師及99位成功企業家的經營智慧，涵蓋面極廣

本書搜集精選各行各業中的13位大師及99位成功企業家，涵蓋面非常廣，且具有代表性；應能表達出如何提高經營績效的領導、管理、策略及行銷的完整面向與功能。這些大師及成功企業家的經營智慧與管理金句，應是值得吾人珍惜與學習的。

（二）全國唯一的一本

本書到目前為止，是國內唯一一本集結國內外13位大師及99位成功企業家為主要內容的商管書籍，值得企業舉辦讀書會、個人進修學習或大學授課的最佳參考工具書。

（三）超圖解式編法，一目了然

本書改採文字段落與圖示的混合搭配，光看幾個段落圖示，就能理解此單元的重點所在，更增加了簡易的閱讀性。

（四）資料最新

本書廣泛搜集資料，而且都是最近二、三年的企業實務資料，這些可說是最新且最具全方位性的企業實戰資料。

（五）總歸納提高經營績效的觀念及關鍵字

本書還總歸納出各行各業如何提高經營績效的關於經營、領導、管理、策略及行銷最重要、必記、必用的核心要點知識。

（六）增強公司人才競爭力

公司內部教育訓練或讀書會，將本書列入必讀教材，必可使員工都能打造出高績效組織及提升各級幹部們的經營與管理重要知識，也必能加速提升公司的人才競爭力，而超越競爭對手。

三、結語

本書的出版，耗費筆者很多資料搜集、整理、思考、布局、分析及撰寫的時間；能夠順利出版，非常感謝五南出版社的相關主編們，相信此書會造福很多想提高經營績效的企業、個人及員工們。

本書撰寫及出版的動力，全部來自於讀者各位的鼓勵及需求；今天，筆者能將數十年來所懂重要的13位大師及99位成功企業家們的經營管理知識，整理撰寫出來，也是筆者將知識傳承給未來世代朋友們及讀者們的一份禮物。

最後，深深感謝各位讀者們的支持與鼓勵，祝福大家未來人生，都會有一趟美好、順利、成長、成功、幸福、平安與健康的人生旅途！在每一分鐘的時光中！感謝大家！深深感恩！

作者　戴國良

敬上

taikuo@mail.shu.edu.tw

目錄

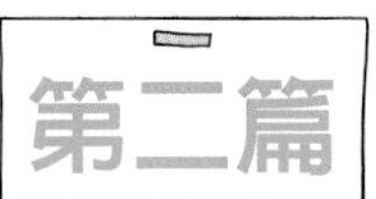

13位國內外大師談打造高經營績效企業祕訣　037

99位國內外企業家（董事長／總經理／執行長）提高經營績效的關鍵「經營管理金句」 225

第一篇

企業打造高績效組織與提高經營績效

Chapter 1

企業打造高績效組織

1-1 打造高績效組織的15大要素

任何企業要打造出一個高績效組織，必須具備下列圖示的15大要素：

1 高薪獎

- 唯有高薪獎，才能吸引好人才，才能留住好人才。
- 高月薪、高獎金、高紅利、股票。
- 例如台積電、鴻海高科技公司。

2 有未來成長性

公司要不斷追求成長性、未來性、規模性、集團化企業，員工才有可以晉升、發展的空間及未來可言。

3 重視執行力

- 郭台銘及其鴻海集團是最有快速執行力的代表。
- 有快速執行力，才能快速完成好的績效出來。

4 貫徹考績管理

- 對員工有考績制度，對員工才會形成工作壓力，員工也才會更認真、更努力做好事情，以求得好考績。
- 考績必須與年終獎金及績效獎金相互連結，才會有效果。

5 訂定正確策略

- 唯有訂定正確的公司發展策略及發展方向，公司才會有好的績效產生。
- 策略及方向錯誤，那就帶領公司往錯的方向走去，公司就會發生危險。
- 例如，全聯超市近20年的快速展店策略、郭台銘鴻海的併購策略及台積電技術領先策略都很成功。

6 力行目標管理與預算管理

- 每個月，各部門都要訂定他們應該完成的各種目標前進，以及達成每月的損益預算前進。
- 員工有目標、有預算，才知道為何而戰，以及戰鬥的完成目標數字在哪裡。
- 員工有目標，才會不斷進步、突破。
- 沒有目標，人就會鬆懈了。

7 設定遠程發展願景

- 有公司願景，才會激勵全員努力邁向遠程願景。
- 例如，台積電30年時間，即達成全球最大晶片半導體製造廠，成為全球第一名願景；鴻海集團則成為全臺營收額第一名製造公司。

8 快速因應變化

- 天下武功，唯快不破。
- 唯有快速，才能領先競爭對手，才能爭取到新商機，也才能有效因應外界環境變化。
- 速度慢了，就會落後，就會退步。

9 組織要彈性化、敏捷化、機動化／不僵化

面對巨變環境，企業內部組織的架構、編組、人力配置、指揮系統，就更要彈性化、敏捷化、機動化，千萬不能僵化、千萬不能本位主義、千萬不能相互爭權鬥爭。

10 貫徹利潤中心BU制度

- BU（Business Unit）就是成立多個事業或產品別利潤中心制度，可激發員工潛力，BU賺錢，自己也可分到獎金。
- 好的BU制度可有效拉高營收及獲利績效。

11 提升各級主管領導力

- 強而有力的領導力，是企業創造好績效的必要條件。
- 一個公司從高階的董事長、總經理、副總經理領導，到中階的經理、協理領導，到基層的組長、課長領導，都要層層做好領導力。

12 制定中長期事業發展藍圖與計劃

- 中長期是指公司或集團3～10年的事業發展藍圖、布局與計劃。
- 人無遠慮，必有近憂。企業高階領導者一定要想著未來3～5年及5～10年的成長路徑在哪裡。

13 建立各部門主管接班人制度

- 讓各部門有潛力人才都能獲得晉升職務，以激勵優秀人才。
- 培養出一個未來最佳的接班人才團隊，企業才會有更好的未來。

14 提升全員市場競爭力

- 企業要不斷鞏固、精實、提升全體員工的市場競爭力與核心能力。
- 企業不只是要高階幹部強大，而是要每一個部門的每一位員工都很強大，這才是永遠好績效的根基。

15 公司有制度

- 好公司、有高績效的公司，也必是一個在各方面都很有制度化的公司。每一個員工都能依照制度與流程去良好運作。
- 企業要靠制度化去運作，而不是靠人治，人治會變化不定，好制度化才會永久、才會穩健、才會順暢、才會有好績效。

1-2 培養優秀人才，營收及獲利持續成長

一、從人出發：培養優秀人才，創造好績效的六招

1 招聘人才

- 要挑選、招聘到一流的好人才。
- 好人才，不一定要高學歷，要看行業別，科技業就要臺大、清大、交大、成大的高學歷碩博士理工科人才；但服務業、零售業、消費品業就不一定要高學歷人才。
- 只要肯幹、肯努力、肯進步、願與人合作，就是好人才。

2 培訓人才

- 針對有潛力好人才，要給予特別訓練。
- 一般性員工也要在各自專業領域上培訓精進。
- 有潛力、想晉升成為中堅幹部的，要成立幹部領導培訓班。
- 不斷培訓就能養出好人才。

3 用人才

- 要大膽用人。
- 把對的人放在對的位置上。
- 用人用其優點，不要看他的缺點。
- 人才是要不斷去磨練他們、歷練他們的，這樣他們就會在工作中成長、進步。

4 考核及晉升人才

- 大部分的人才，都會想要晉升；有些是晉升為領導幹部的，有些則是職級晉升的。
- 人才不斷透過穩定且持續性的晉升，就會產生出他們的責任感及成就感。

5 激勵人才

- 激勵人才主要有三種：
  一是物質金錢上的激勵，例如調薪、給獎金、給紅利、給股票；
  二是心理上的激勵，例如表揚大會、口頭讚美；
  三是拔擢晉升。
- 有效的激勵人才，會讓員工長期留在公司打拼及貢獻！

6 留住人才

- 好人才、好幹部，就要用各種方法留住他們，勿使其離職去到競爭對手公司。
- 培養一個好人才、好幹部不容易，他們走了，也算是公司的損失。
- 不斷留住好人才，長久下來，就可以成為鞏固的優秀人才團隊。

二、企業保持營收及獲利持續成長的七大策略

企業長期保持營收及獲利的成長性，必定要從經營策略面下手，才可以達成。如下圖示的七大策略：

1 併購／收購策略

（例如：全聯、家樂福、鴻海……等）

2 多品牌事業策略

（例如：王品、瓦城、豆府、統一企業……等）

3 多角化事業策略

（例如：遠東集團、富邦集團……等）

4 國內外加速展店策略

（例如：全聯、寶雅、大樹藥局……等）

5 新產品、新品牌上市策略

（例如：Apple、統一超商……等）

6 海內外擴大投資設廠策略

（例如：台積電、鴻海……等）

7 技術突破、升級策略

（例如：台積電、大立光、聯發科……等）

三、企業成功三大關鍵

四、創造企業高經營績效九字訣

Chapter 2

提高經營績效綜述

2-1 從14個經營管理面向分析如何提高公司經營績效

一、人力資源管理面 → 提高經營績效

1. 做好招聘到好人才、優秀人才。
2. 做好培訓出好人才、優秀人才。
3. 做好用出好人才、優秀人才。
4. 加強降低員工離職率。
5. 做好留住好人才、優秀人才。
6. 做好擢拔好人才、優秀人才。

※好人才、優秀人才→就能提高企業經營績效！

二、業務（營業）經營面 → 提高經營績效

1. 提高產品上架率。（O2O、OMO，虛實通路並進上架）
2. 精進賣場產品陳列。
3. 加速連鎖店數拓展。（門市店數／加盟店數）
4. 推出多品牌經營。（王品、瓦城、P&G、統一、豆府、乾杯……）
5. 加強全臺經銷商銷售力。
6. 加強銷售人員組織團隊及其戰鬥力。（賣汽車、賣3C、百貨公司專櫃、壽險公司、銀行理專……）
7. 加強業務促銷活動。（買一送一、滿千送百、好禮五選一、全面5折……）

三、研發／商品開發管理 → 提高經營績效

1. 強化研發／商開部門的組織與人才配置、充實。
2. 強化研發部門設備購置。
3. 強化研發技術領先與技術創新突破能力。
4. 強化研發部門新商品開發計劃與速度。
5. 持續改良、升級、精進既有產品市場需求及市場競爭力。（iPhone1～iPhone14）
6. 掌握市場發展趨勢與主流產品。

四、製造／生產管理 → 提高經營績效

1. 採購最先進製造設備。（台積電、大立光）
2. 不斷提升製程生產與組裝效率。
3. 確保產品製造100%良率指標。
4. 加強產品品質合格檢驗。
5. 確保產品高品質製造。
6. 確保海外工廠運作及管理順利。

五、採購管理 → 提高經營績效

1. 確保原物料、零組件採購品質檢驗合格。
2. 確保供應商足夠量供應及供應日期合乎要求，不發生缺料。
3. 持續提升原物料、零組件採購品質水準及功能水準。
4. 控制好採購價格及採購成本目標。

六、策略管理 → 提高經營績效

1. 加強併購／收購策略運用，以加速事業成長速度需求。（全聯超市、家樂福量販店、鴻海、遠東、富邦銀行，均靠併購而成長）
2. 加速海外市場開拓策略。
3. 加速全球化布局策略。
4. 加強供應鏈管理策略。
5. 規劃公司中長期3～5年發展策略與計劃。
6. 加強公司核心能力與競爭優勢建立。

七、行銷管理 → 提高經營績效

加強做好行銷4P／1S／1B／2C八件事情。

1. Product：打造產品力

   高品質、穩定品質、高質感、不斷改良、不斷創新、不斷升級。

2. Price：做好定價力

   定價要具有高CP值感、要有物超所值感、要能滿足庶民經濟時代。

3. Place：做好通路力

通路上架要努力做好O2O及OMO，即實體通路與電商網購通路要同時上架，強化顧客購買產品的便利性。

4. Promotion：做好推廣力

要搭配好有效果的廣告宣傳、公關報導、定期促銷、銷售人員組織戰鬥力，以及社群粉絲經營。

5. Service：做好服務力

要提供售後完美、快速、貼心、頂級、滿意的各種服務，讓消費者有好口碑。

6. Branding：打造品牌力

品牌是產品的生命核心，有品牌力，才能創造出銷售業績，所以要打造出高知名度、高好感度、高信賴度、高忠誠度的品牌資產價值。

7. CSR：善盡企業社會責任力

企業賺錢後，應該多做社會公益、慈善、捐助等，形塑好的企業集團形象。（例如：台積電、鴻海……）

8. CRM：做好顧客關係管理力

CRM（Customer Relationship Management）就是如何做好會員經營、VIP會員優惠等，提高會員的回購率、回店率，鞏固穩定營收來源。

八、財務管理 → 提高經營績效

1. 申請興櫃及上市櫃成功，取得資本市場低成本資金來源，支援公司事業成長需求。
2. 申請銀行低利率貸款，充足資金供應。
3. 每月提供損益表結算分析，以提高公司最終獲利之改善依據。
4. 提高公司多餘資金運用途徑（例如投資績優股、投資不動產……），以利提升資金效益。
5. 財務部最大任務，就是備好足夠資金，供應公司：
   ⑴ 國內擴廠資金。
   ⑵ 海外設廠資金。
   ⑶ 國內外併購／收購資金。

(4) 全球化布局資金。

(5) 轉投資新事業資金。

(6) 加速國內展店資金。

九、資訊管理 → 提高經營績效

提供充分且先進的各類資訊系統，以提升公司在營運管理之資訊化、自動化需求作業。（例如：POS、ERP、SCM、公文自動化……等資訊系統）

十、物流中心管理 → 提高經營績效

1. 全臺各地布建物流倉儲中心，以快速將商品在24小時內送達顧客手中，提升顧客滿意度。（例如：momo、PChome）
2. 全臺各地布建生鮮物流處理中心，以快速將生鮮品送達全臺各門市店。（例如：全聯、家樂福）

十一、激勵管理 → 提高經營績效

1. 提供優渥的月薪、績效獎金、紅利、股票及其他相關員工福利，給全體員工。（例如：台積電、鴻海、聯發科、金控公司……等，全體員工平均年薪180萬元，比其他行業超出很多，容易吸引好人才）（金錢物質獎勵仍是最實際、最重要的）
2. 建立利潤中心制度（BU制，Business Unit），以提升內部組織競爭力及提高公司業績。（很多公司都有此制度，即把事業單位分割成多個BU，賺錢的BU就分配資金）

十二、考核管理 → 提高經營績效

1. 各公司大都會建立年度預算管理制度；訂出年度中每個月應達成的營收目標及獲利目標，以追求績效管理，催促出好業績。
2. 各公司大都會建立每年期中考核（6月）及每年期終考核（12月）制度，以確保全體員工每天都能主動、積極努力工作，求表現，以創造大家好的工作績效。

十三、領導管理 → 提高經營績效

1. 加強各部門一級主管（副總經理以上）之領導功能。

2. 培養各級主管代理人／接班人制度，以培訓出各級主管儲備優秀人才。
3. 加強最高階經營者專長及總經理之高階領導功能。

十四、創新管理 → 提高經營績效

全體員工都要求在各自部門、各自專長領域，做到創新、再創新目標。

2-2 有效提高、增強企業經營績效的30個最重要黃金關鍵字

1	人才團隊	（組建優秀人才團隊組織）
2	不斷創新	
3	快速應變	
4	顧客	（以顧客為核心，滿足顧客需求與期待）
5	產品力	（持續改良、升級主力產品）
6	技術	（技術領先與技術突破）
7	激勵	（激勵全員士氣）
8	策略	（決定對的發展策略）
9	併購	（透過併購、收購公司而快速成長）
10	展店	（短期間內快速展店，占有市場形成規模經濟）
11	年薪	（提高全員月薪、年終獎金、績效獎金、紅利獎金、股票）
12	先進設備	（不斷引進、更新最先進設備）
13	利潤中心	（採用利潤中心制度，激發出員工最大潛能）
14	品牌資產	（打造出一流品牌力與最大品牌資產價值）
15	促銷	（多舉辦促銷活動檔期，以提振買氣）
16	廣告宣傳	（執行有效的廣告宣傳，加強品牌能見度）

17	會員向心力	（鞏固會員向心力，提高會員回購率）
18	高品質	（確保高品質產品力）
19	趨勢、商機	（掌握市場發展趨勢，抓住市場商機）
20	願景	（帶領全員朝向企業願景目標，努力邁進）
21	多品牌	（發展多品牌事業體，保持企業不斷成長）
22	全球布局	（朝向海外市場、全球市場拓展，布局全球）
23	前瞻	（凡事，要以長期性及前瞻性眼光下決策）
24	專注	（要專注核心事業發展，專心做好一件事）
25	上市櫃	（申請上市櫃成功，取得資本市場資金，擴充資金力）
26	多元化	（發展多元化產品線，增加營收來源）
27	規模	（擴充事業規模，保持同業領先性）
28	社會責任	（實踐企業社會責任，形塑優良企業形象）
29	降低成本	（降低製造成本，布局全球生產據點）
30	核心能力	（強化組織核心能力，持續競爭優勢）

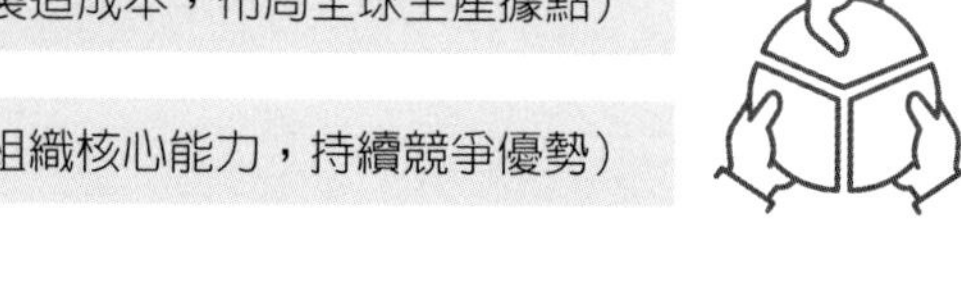

2-3 如何做好管理及提高經營績效的管理15化

企業經營，必須做好以下管理15化：

一、制度化

須建立各種人事、生產、採購、品管、物流、門市銷售、售後服務等規章、制度。

二、SOP化（標準化）

SOP, Standard Operating Procedure，標準作業流程；以維持各種作業品質一致性，特別在服務業及生產製造的SOP化。

三、資訊化

運用IT資訊系統，加快營運作業，包括POS系統、公司ERP系統之建立與運作。

四、目標化

任何工作及專案，都必須訂定想要達成的營運目標，此也稱目標管理，有目標，員工才會全力以赴，知道為何而戰。

五、效益化

公司營運必須對各部門、各專案，更加重視效益評估及檢討改進，以追求更高效益達成。

六、數據化

企業必須重視數據管理，切記：沒有數據，就沒有管理。必須從數據中，看出經營與管理問題，並提出快速應對措施作為。

七、可視化

企業任何事情，都應該儘可能不要被掩蓋住，必須讓大家看得到、資訊公開化、可視化、被檢討化、被改善化。

八、定期查核化

對任何事、任何人，都要建立定期考核追踪，建立定期查核點（Check-point），不可以放任從頭到尾都沒有查核點，才能及時發現企業問題點所在，做好及時、迅速改善。

九、人性激勵化

人性都是需要被激勵、被肯定、被鼓舞的，包括：物質金錢的獎勵或心理面的讚美鼓勵。有激勵，全員潛能才會被完全激發出來。

十、規模化

規模化是企業競爭優勢反應的主要一種；在生產規模、採購規模、門市店數規模、加盟店數規模等，都要達成規模經濟化，如此，成本才會下降，營收才會提高，市場競爭力才會增強。

十一、敏捷化

企業在任何部門、任何營運問題上，都必須用靈敏與快捷速度去應對、去執行、去領先，而不是拖拖拉拉、不知應變。

十二、自動化

在工廠製造設備及物流中心設備，都必須力求儘可能提高自動化比率，唯有自動化，才能提高製造效率，降低人工成本。

十三、超前部署化

在面臨市場環境多變化與競爭更激烈化時代，企業在技術研發、在產品開發、在全球化、在供應鏈、在銷售第一線等，都必須提前做好準備，不要反應來不及；要有超前部署的思維、計劃及行動，企業才會贏在未來。

十四、數位化

在疫情期間，大部分企業都朝向數位化轉型，才能應對市場環境的巨變。

十五、APP化

由於智慧型手機的普及，現在APP都被廣泛應用在搜尋、下單、結帳、累積點數、查詢及其他管理與行銷用途上，幫助很大。

如何做好管理及提高經營績效的管理15化

1	2	3
制度化	SOP標準化	資訊化

4	5	6
目標化	效益化	數據化

7	8	9
可視化	定期查核化	人性激勵化

10	11	12
規模化	敏捷化	自動化

13	14	15
超前部署化	數位化	APP化

2-4 吸引優秀人才團隊的作法

如何提高企業經營績效的最根本，就是要組建一個很好、很強大的組織團隊、人才團隊。那要如何吸引到優秀人才呢？作法包括：

1 儘量提供高於同業的優渥年薪

包括：月薪、年終獎金、績效獎金、紅利獎金、三節獎金、入股（股票認購）等，這是吸引好人才的首要條件。

2 儘量申請成為興櫃、上市櫃公司

大家都喜歡成為上市櫃公司的員工，因為上市櫃公司比較有制度、比較有成長性、規模比較大、薪獎福利也比較好。

3 努力從小公司快速成長為中大型公司

小公司很難吸引到好人才，小公司各種條件也比較差，缺少未來性。

4 中小型公司應開放認股給員工

讓主要幹部或是全體員工都能成為公司的股東成員，員工才會認真投入工作，也才會成為優秀員工。

5 加速中小企業成長茁壯

中小企業老闆（董事長）應找到更多資金來源，以加速擴張成為中大型公司，讓員工更有成長機會，及獲得更高的年薪所得。

2-5 企業案例：創造高經營績效公司的背後原因分析

案例 1 台積電公司（科技公司，晶片業第一名）

1. 研發技術不斷創新且領先競爭對手。
2. 優渥年薪，自然吸引全臺最佳理工科技人才團隊。（台積電中位數平均年薪為180萬元；中階幹部級以上主管，年薪平均突破1,000萬元；副總級以上一級主管，平均年薪突破1億元。
3. 製造設備最先進，產品良率高達100%，具有製造高品質晶片產品口碑。
4. 與全球各主力訂單客戶，保持良好業務關係及彼此互信。
5. 全球最大規模產量，成為全球第一名晶片研發及製造的領導公司。

案例 2 momo公司（富邦媒體科技公司，電商公司第一名）

1. 產品物美價廉。以同業最低價供應給顧客。
2. 全臺布建37個大、中、小型物流中心，確保全臺24小時快速宅配到家，臺北市6小時到貨。提供快速滿意服務。
3. 產品達300多萬品項，產品非常多元化，主力品牌產品也都能提供。產品力強大。
4. 每天都有促銷活動，低價吸引顧客一再購買。
5. 手機及網路畫面（介面）設計便利，非常容易搜尋、下單、結帳。

案例 3 全聯超市（超市業第一名）

1. 20年間，快速展店、衝店數規模化，達1,100店以上，大幅領先同業。
2. 商品價格低，公司董事長堅持只賺2%獲利率，將利潤回饋給顧客。
3. 電視廣告宣傳成功。
4. 透過併購較小同業，加速店數規模大增。

案例 4 和泰汽車（TOYOTA汽車總代理，汽車銷售第一名）

1. 擁有日本TOYOTA高品質汽車的品牌資產及信賴度。
2. 電視廣告宣傳成功。
3. 全臺各地經銷商銷售汽車能力強大。

案例 5 統一超商（超商業第一名）

1. 資訊系統設計先進，有效管理各門市店。
2. 物流系統全臺布置，24小時快速供貨。
3. 6,600店加盟主共同努力付出。
4. 品牌知名度、信賴度、忠誠度均高。
5. 經常有促銷優惠活動。
6. 電視廣告宣傳成功。
7. 不斷推出創新商品及創新服務。

2-6 高經營績效七大指標及各產業創造重點

一、高經營績效七大指標

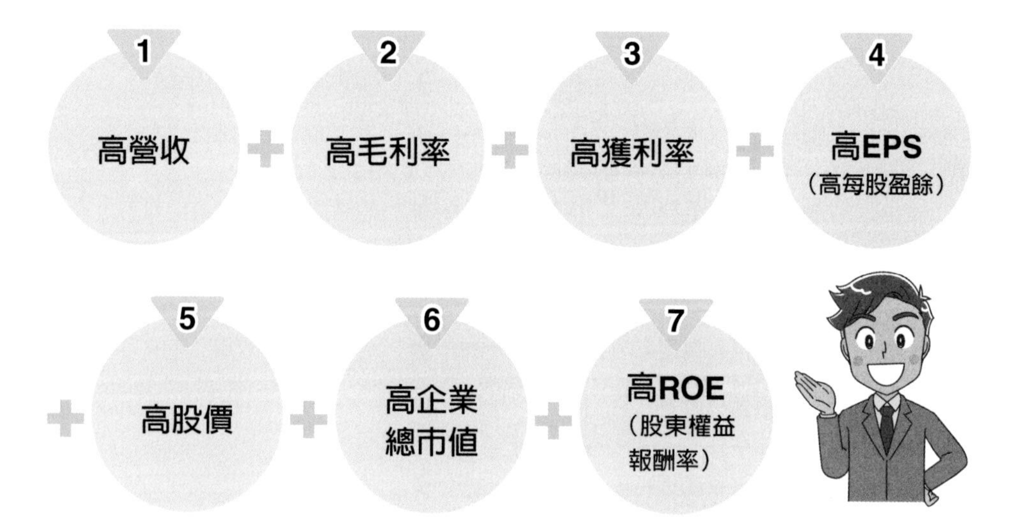

二、各產業創造高經營績效的不同重點

行業別	創造高經營績效的重點
高科技業	研發領先、技術創新、製程革新、先進製造設備。
消費品業	品牌形象、行銷、通路上架陳列、產品品質、廣告宣傳。
零售業	店數規模、產品品項數、低價。
電商業	物流速度、產品品項數、低價、資訊設計介面。
各式服務業	銷售人力組織團隊、店數規模、品牌形象、產品力、服務力、店面設計。

2-7 如何提高獲利績效及銷售量

一、用每月損益表分析，來提高獲利績效

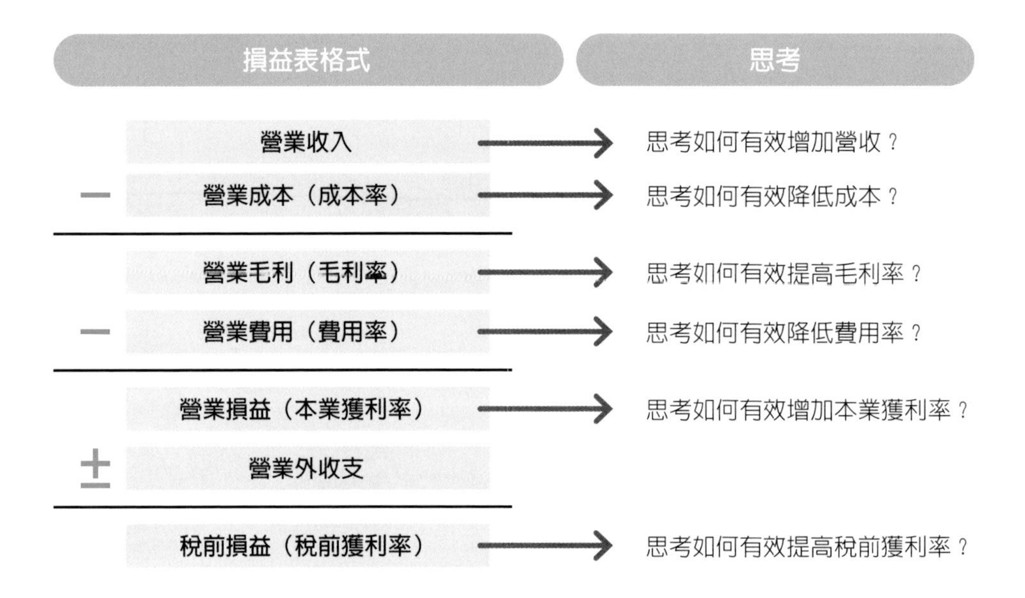

二、提高銷售量及營業收入

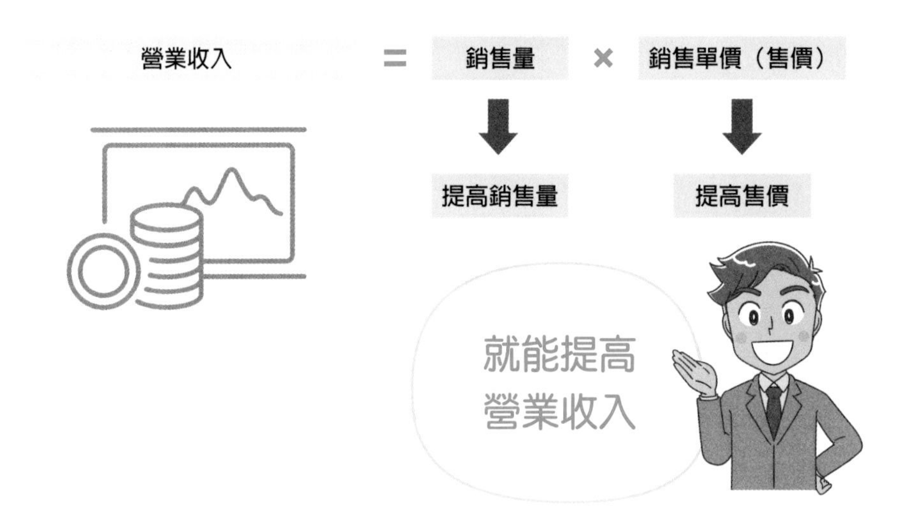

2-8 消費品及服務業提高銷售量15種要因

iPhone、dyson、Panasonic、白蘭、好來（黑人牙膏）、麥當勞、樂事、瑞穗鮮奶……為何銷售績效好？有以下15要因：

一、品牌力強大

- 打造出品牌力。
- 沒有品牌力或不知名品牌，就很難有好的銷售業績。
- 品牌力是產品的靈魂。

二、堅持高品質

- 產品一定要做好高品質的信賴度及保證度。
- 高品質是產品的生命。
- 高品質才會有高回購率。

三、不斷改良產品

- 既有產品要不斷的改良、改善、升級、精進。
- 例如：iPhone 1～iPhone 14，每年都改良、精進。

四、加速產品創新

- 企業要追求總營收及總利潤不斷成長，一定要定期推出創新產品及創新品牌。
- 例如：服飾業、汽車業、機車業、手機業、餐飲業、消費品業、飲料業，常見新產品推出。

五、設計與質感佳

- 產品要賣得好，它的設計及質感都一定要很好、很時尚、很有價值感，讓人愛不釋手。
- 消費者不一定人人都要低價格，有些人則是寧願價格高一些，但質感一定要高。

六、強打代言人及廣告宣傳

- 任何消費品一定要投入適當的廣告宣傳費，才能將品牌打響。

・可透過電視廣告、網路廣告、戶外廣告、網紅KOL行銷、代言人行銷、醫生推薦等手法，打響品牌知名度及好感度。

七、服務體驗佳

・現場服務及售後服務愈來愈重要，它也是銷售的一環。

・一定要提供快速的、貼心的、完美的、親切的及令顧客滿意的高等級服務。

八、促銷多

・消費品行業一定要配合上架的大型連鎖零售商的各種促銷檔期活動，才能提振買氣，拉高銷售業績。

・例如：買一送一、買二送一、買第二件6折算、全面5折、滿千送百、大抽獎、好禮五選一贈送……等。

九、口碑好

・好產品、好服務久了，就一定會傳出好口碑，好口碑傳播出去，讓更多人知道及購買。

・一定要創造出網路上好正評及好口碑，客人自然就會介紹客人來，這就是口碑效應。

十、價格合理（高CP值）

・消費者對價格感到合理、可接受，這是最基本定價原理；但若能感受到物超所值感或高CP值則會更受廣大庶民經濟的歡迎。

・價格有高、中、低價位三種，主要看此產品的定價及獨家特色而定。

十一、要長期經營市場

・穩定的、鞏固的及好的銷售量，不是一年、二年、三年就可以輕易達成的，一定要有十年、二十年、三十年的長期經營才行。

・目前，市場上第一品牌的經營，都是三十年、五十年、一百年才能塑造出來的。

十二、更多通路上架與陳列

・產品銷量要好，在通路上架方面也很重要。

・一定要做好虛實通路並進，儘量要上架到主流實體通路據點，以及網購電商通路去。

・另外，要有適當與好的陳列空間及位置。要讓消費者買的方便／快速。

十三、珍惜熟客貢獻

・如能養成一群老顧客、熟客、高忠誠度顧客，也會鞏固公司每月、每年的業績額。

・例如：SOGO百貨忠孝館、統一泡麵、桂格麥片、好來牙膏、白蘭、舒潔……等，他們80%的業績都來自熟客的貢獻。

十四、重視回饋會員

很多零售業及服務業都建立會員制度，發行紅利集點卡，對這些長期且關係良好的會員，公司要特別給予定期優惠回饋，要有特別的對待，鞏固這群會員。

十五、以顧客為核心

企業做行銷、做業務，凡事都必須站在顧客角度、顧客立場上，以顧客為核心及出發點，為顧客解決問題及痛點，並快速滿足顧客的需求及期待，帶給他們高的滿意度及滿足感。

消費品及服務業如何提高銷售業績之15種要因

1 品牌力強大
2 堅持高品質
3 不斷改良產品
4 加速產品創新
5 設計與質感佳
6 強打代言人及廣告宣傳
7 服務體驗佳
8 促銷多
9 口碑好
10 價格合理（高CP值）
11 要長期經營市場
12 更多通路上架與陳列
13 珍惜熟客貢獻
14 重視回饋會員
15 以顧客為核心

2-9 打造優質產品力，提高消費品通路上架力

一、如何打造優質產品力，以提高經營績效

影響優質產品力打造的六項因素，如下：

人
- 人才
- 組織
- 團隊

＋

設備
- 先進設備
- 自動化設備

＋

原物料零組件
- 高等級
- 高功能
- 高品質
- 高配方

＋

技術
- 高級技術
- 尖端技術
- 創新技術

＋

品管
- 嚴格品管查核
- 全面測試

＋

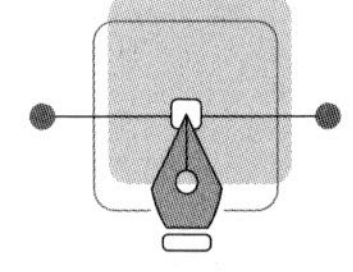

設計

時尚、流行、獨特設計

二、如何提高消費品通路上架力，以提高經營績效

實體零售通路上架

電商網購通路上架

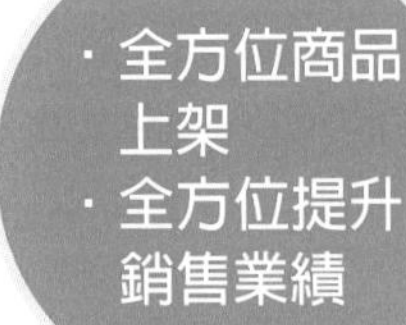

- 超市
- 便利商店
- 量販店
- 百貨公司
- 購物中心
- 藥妝店
- 藥局
- 生活雜貨店
- 3C店

- 大型電商公司（例如：momo、PChome、蝦皮、雅虎、生活市集、樂天）
- O2O（虛實整合）
- OMO（虛實融合）

2-10 產品行銷推廣、提高品牌力、累積品牌資產

一、消費品如何行銷推廣，以提高品牌力、銷售業績及經營績效

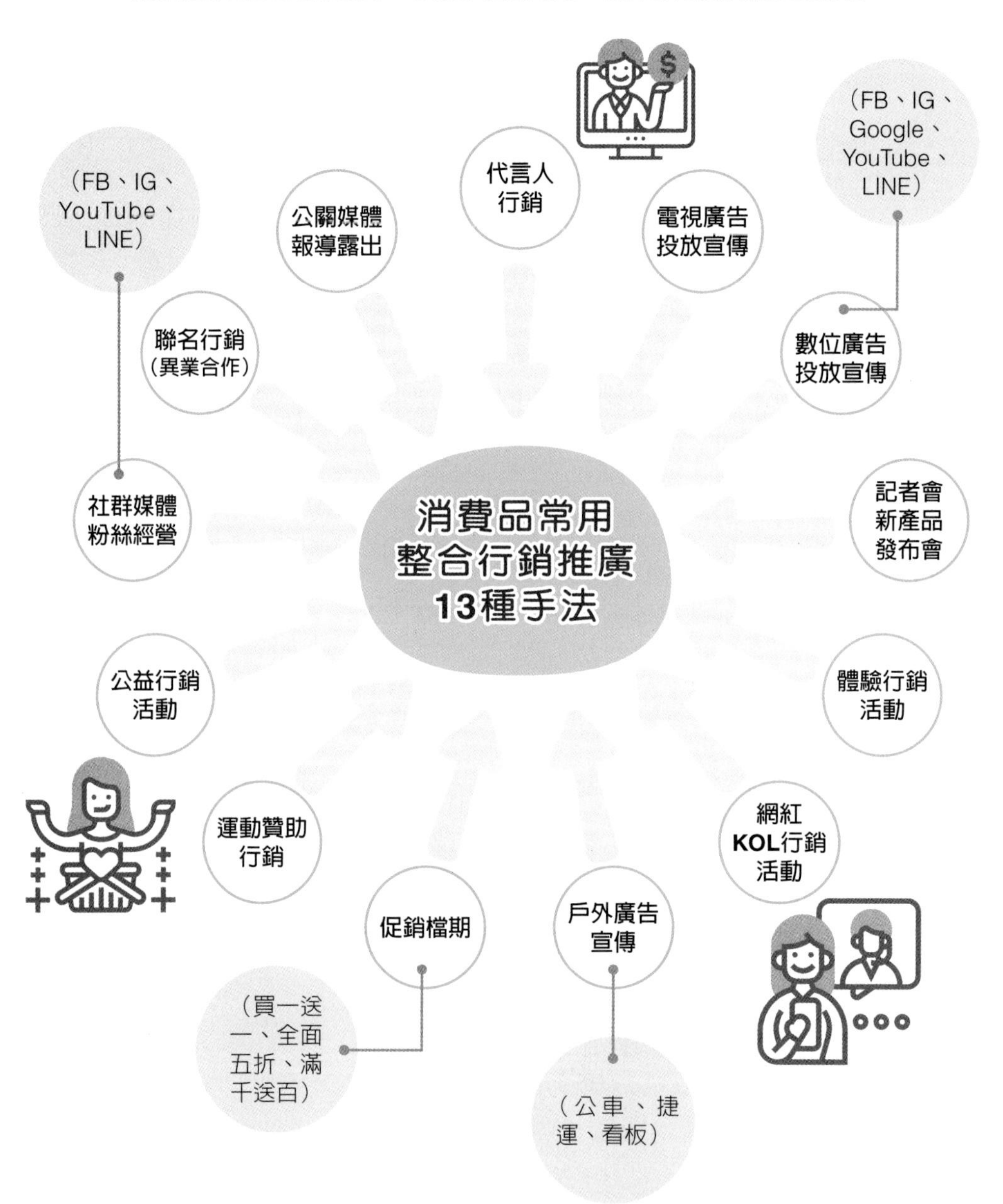

二、累積品牌資產，以提高經營績效

品牌力及品牌資產是促進銷售的加速劑，一定要打造出消費者對我們公司品牌的八項資產價值，如下：

三、高價位產品，能提高經營績效的八點要因

例如：雙B、LV、GUCCI、CHANEL、HERMÈS、dyson、捷安特、SONY、Panasonic、iPhone、台積電晶片、五星級大飯店……為何能夠高價格銷售成功？

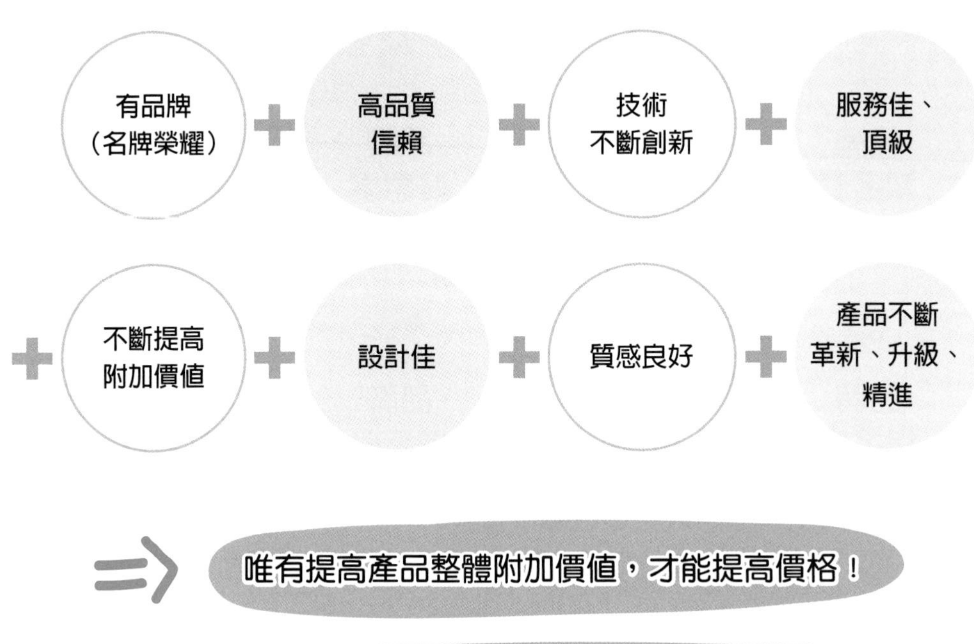

四、營運部門+幕僚部門，團隊合作，共創好績效

營運部門

1. 研發部（商品開發部）
2. 製造部
3. 採購部
4. 銷售（業務部、門市部、專櫃部）
5. 行銷企劃部
6. 售後服務部
7. 物流部
8. 設計部

幕僚部門

1. 財會部
2. 人資部
3. 企劃部
4. 法務部
5. 資訊部
6. 股務部
7. 客服部
8. 行政總務部
9. 稽核部

⇓

團隊合作、齊心努力

打造出強大高經營績效組織體！

五、提升高附加價值，以拉高售價及經營績效

1

使用最高等級的原物料及零組件

2

使用最先進的製造設備

3

使用最尖端的研發技術

4

使用最領先的設計

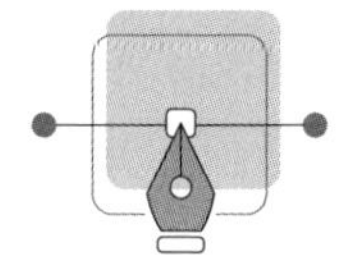

5

使用最高等級的品質水準

6

提供強大功能及耐用度

7

使用最佳的配方

8

提供長期使用保證

9

使用最頂級的服務水準

10

打造名牌形象，以提高心理榮耀感

六、提高經營績效的總合六大力量

1 組建強大人才團隊

2 堅定以顧客為核心

5 做好14大功能管理運作

(1) 人資管理
(2) 業務管理
(3) 研發管理
(4) 製造管理
(5) 策略管理
(6) 行銷管理
(7) 財務管理
(8) 資訊管理
(9) 物流管理
(10) 採購管理
(11) 激勵管理
(12) 考核管理
(13) 領導管理
(14) 創新管理

3 做好管理15化

(1) 制度化
(2) SOP化
(3) 資訊化
(4) 目標化
(5) 效益化
(6) 數據化
(7) 可視化
(8) 定期查核化
(9) 人性激勵化
(10) 規模化
(11) 敏捷化
(12) 自動化
(13) 超前部署化
(14) 數位化
(15) APP化

4 強化成長的7大策略

(1) 併購策略
(2) 多品牌策略
(3) 多角化策略
(4) 加速展店策略
(5) 新產品策略
(6) 海內外擴大投資設廠策略
(7) 技術突破策略

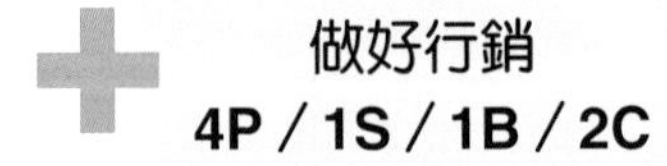

6 做好行銷 4P / 1S / 1B / 2C

產品力、定價力、通路力、推廣力、服務力、品牌力、企業社會責任力、顧客關係力。

第二篇

13位國內外大師談打造高經營績效企業祕訣

Chapter 1

第1位大師：台積電前董事長張忠謀

1-1 企業最重要的三大根基：願景、文化與策略

1-2 建立公司五大競爭障礙：成本、技術、法律、服務與品牌

1-3 領導人的角色與功能

1-4 經理人應該培養的終生習慣：觀察、學習、思考與嘗試

1-5 績效制度與人才培育

1-6 董事會與董事長的角色

1-7 台積電前董事長張忠謀分享經營五大心法

1-8 台積電的董事會經營之道

1-1 企業最重要的三大根基：願景、文化與策略

一、願景（Vision）

企業領導人必須要清楚的知道公司的願景目標，否則被員工問到而答不出來的時候，大家會覺得公司沒有目標。因此，一家公司的總裁或負責人不妨可以想想，找出一個高層次的，可以讓員工視為長遠的目標，至少是十年、二十年可達到的目標。願景應該把員工心中的目標更提高一層，是比較深遠的。

在1996年時，張忠謀為台積電設定的願景：「以我們的管理原則為基礎，成為世上首屈一指的虛擬晶圓廠。」到了最近，他又為台積電設立新願景：「要做世上最有聲譽，最服務導向的專業晶圓代工廠，對客戶提供全面的整體利益，因此也贏得最高獲利的公司。」

二、企業文化（公司價值觀）

張忠謀認為企業文化是公司重要的基礎，如果一家公司有很好、很健康的企業文化，即使它遭遇挫折，也會很快站起來。講到公司的企業文化，張忠謀列出台積電10大經營理念：

1. 堅持職業道德。
2. 專注晶圓代工本業。
3. 國際化放眼世界。
4. 追求永續經營。
5. 客戶為我們的夥伴。
6. 品質就是我們的原則。
7. 鼓勵創新。
8. 營造有挑戰性及樂趣的工作環境。
9. 開放式管理。
10. 兼顧員工及股東權利並盡力回饋社會。

三、策略

公司策略，就是公司應該走的方向及作為，時間可以比願景短一些，但也不能每年再改，一個不錯的策略，應該可以五年不改。

台積電：企業最重要三大根基

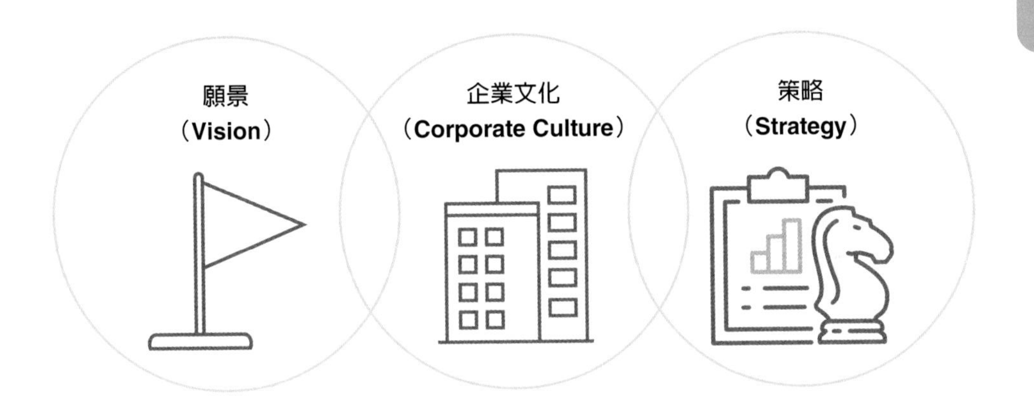

台積電的企業願景

要做世界上最有聲譽、第一大，
且最服務導向的專業晶圓代工廠，
對客戶提供全面的整體利益。

1-2 建立公司五大競爭障礙：成本、技術、法律、服務與品牌

一、比成本低

張忠謀認為，在公司策略中一定要建立競爭障礙，競爭障礙最普遍的就是成本。比成本低，的確是一種競爭障礙，但以成本為障礙是很辛苦的事業。即使成本比別的競爭者低很多，就算低10%、15%已經很不容易了，但這樣的百分比並不能算是有利的競爭優勢。如果對手要讓這公司頭痛而採取虧本削價策略，那可以賺的利潤就更低了，所以降低成本並不算是個好的競爭障礙。

二、比技術先進

第二種競爭障礙就是擁有先進的技術。這是少數人才擁有的競爭障礙，可以給技術先進者一個訂價權，一個公司持續有新的產品出來，運用先進的技術，例如英特爾、微軟、輝瑞藥廠等都是這樣的公司。

三、智慧財產權（IP）

第三種競爭障礙就是法律上的專利權（Patent Right），也就是一般常說的智慧財產權（Intellectual Property Right, IPR）。IP專利權可以讓這些廠商自先進技術得來的競爭優勢更為穩固，因為競爭對手是不能侵權的。

四、服務

客戶關係的競爭障礙，不一定需要先進的技術，但是客戶的信賴感很重要。台積電一直希望將客戶關係建立為競爭優勢，但這種客戶關係不是與他們打打高爾夫球、送送禮就能建立的，而是靠忠誠的服務，讓客戶對該公司很放心，才願意接受他的服務。

五、品牌（聲譽）

聲譽也是一種競爭障礙，這種競爭障礙也包括品牌。有很多歐美名牌車、名牌精品，價格高昂但仍賣得很好，這就是由於品牌的緣故。英特爾有很高的知名度，顯示該公司也將電腦晶片做出品牌來了。

台積電：進入競爭障礙的五大要素

1 成本

2 技術

3 智慧財產

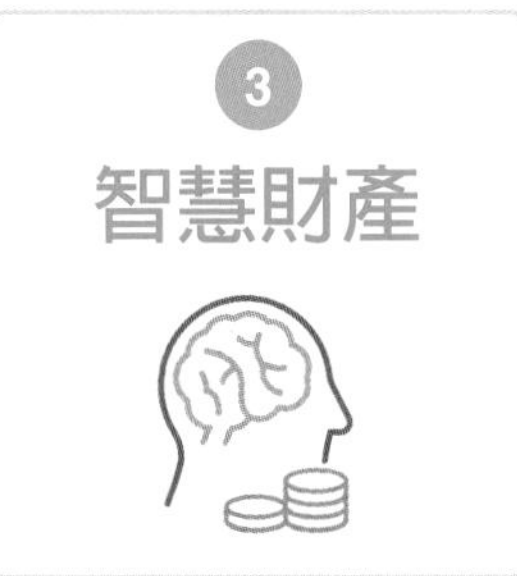

4 服務

5 品牌

領先的營運

台積電：先進、領先的技術

- 先進技術
- 領先技術

→

- 創造更高附加價值
- 創造唯一性
- 致使客戶依賴您

1-3 領導人的角色與功能

一、領導人最重要的功能：給方向

張忠謀表示，有些成功的企業家曾表示，成功的領導人最重要的工作是激勵他的員工們，做一個員工的激勵者（Motivator）或是使能者（Enabler）。張忠謀認為，領導人激勵了下屬，可是他們要做什麼事情？要往哪裡發展？這才是最重要的。領導人是要帶給他們方向的；如果僅是一位激勵者，下屬很努力在做事，可以跑很快，但也有可能在原地打轉。他強調領導人重要的功能，是「知道方向、找出重點、想出解決大問題的辦法」，這也是檢驗一個好的領導人的主要條件。張忠謀相信公司裡的人，如果覺得領導人的方向是對的，雖然不一定喜歡不激勵人的主管，但還是會跟隨他。

二、成功的領導：強勢而不威權

威權領導是完全依賴權威，一種「一言堂」式的領導，這種「你不同意我，你就走路」就是權威領導。但是，強勢領導的特質則包括：

1 對大決定有強硬的主見。

2. 常常徵詢別人的意見。

3. 對方向性及策略性以外的決定從善如流。

4. 不依賴權威。

5. 也不花費很多時間說服每一個人。

張忠謀認為，他比較喜歡強勢領導，他相信成功的領導一定是強勢領導，因為領導者要帶領公司的方向，如果沒有主見，那要領導什麼？

三、修煉領導人「器識」的基本功

CEO（總經理、執行長）的器識，就是要領導我們以建立的公司。包括：

1. 對於競爭者，我們是可畏的競爭者。

2. 對於客戶，我們是可靠的供應商。

3. 對供應商，我們是合作夥伴。

4. 對股東，我們有最好的投資報酬。

5. 對員工，我們提供優質、有挑戰性的工作。

6. 對社會，我們是良好的社會公民。

我認為做到這樣，也就是世界級的公司。未來的領導者，他們要能夠繼續領導這樣的公司。

四、對未來領導人的建議

1. 確認你的價值觀，包括：誠信就是價值觀之一。
2. 確認你的目標。
3. 在你的工作上展現最極致的能力。
4. 學習比你職位高一階主管的工作，學習它。
5. 培養團隊精神。
6. 要能感測到危機與良機。預測危機，並趕快採取行動避免發生；認知良機，所以能善加利用。
7. 永遠交出更多成果。
8. 保持持續學習的能量。

成功的領導，強勢而不權威

威權領導

強勢領導

1-4 經理人應該培養的終生習慣：觀察、學習、思考與嘗試

一、觀察、學習、思考與嘗試：經理人應該培養的終身習慣

張忠謀表示，我現在想做的事情，是要培養你們觀察、學習、思考、嘗試的習慣，而這也是一位經營管理者始終追求的事情。張忠謀表示，他的興趣很廣泛，包括政治、經濟、文化等方面，其實這些都是經營管理之學，需要隨時自我革新。他很希望大家養成思考的習慣，想、想、想，IBM公司喊出Think的口號是很有道理的。

張忠謀希望能啓發大家的智慧生活；所謂思考步驟，就是指觀察、閱讀、學習及思考。以他自己的習慣，觀察的功夫用在工作上大概占三分之二，工作以外事物的觀察占三分之一。張忠謀表示學習是觀察加上閱讀的結果，至於思考是最重要的。所謂一個世界級的企業，就是一直在學習思考的企業。

二、流體型組織，可互相參與的開放環境

張忠謀認為金字塔傳統組織有一個缺點，就是企業的層級愈多，主管的附加價值就愈低。他喜歡採用扁平化組織，經常是十幾個人向一個人報告；還有一種張忠謀所謂的「流體型組織」，就是同層級的人可以管別人的是互相參與的管理，可以建立開放的「建設性矛盾」環境，很多問題都可以在一層級之間解決，總經理最好不要管太多事，要多花時間用在思考未來上。如果一個組織裡的每件事都要報告上司才能獲得解決，會浪費很多時間。

張忠謀認為一個公司的董事長要75%的時間思考未來，總經理也要有50%的時間在這方面，同層級主管的工作可以互相替代。他認為這種流體型組織能夠實踐成功的話，在管理上效果會很好。

經理人應該培養的終身習慣

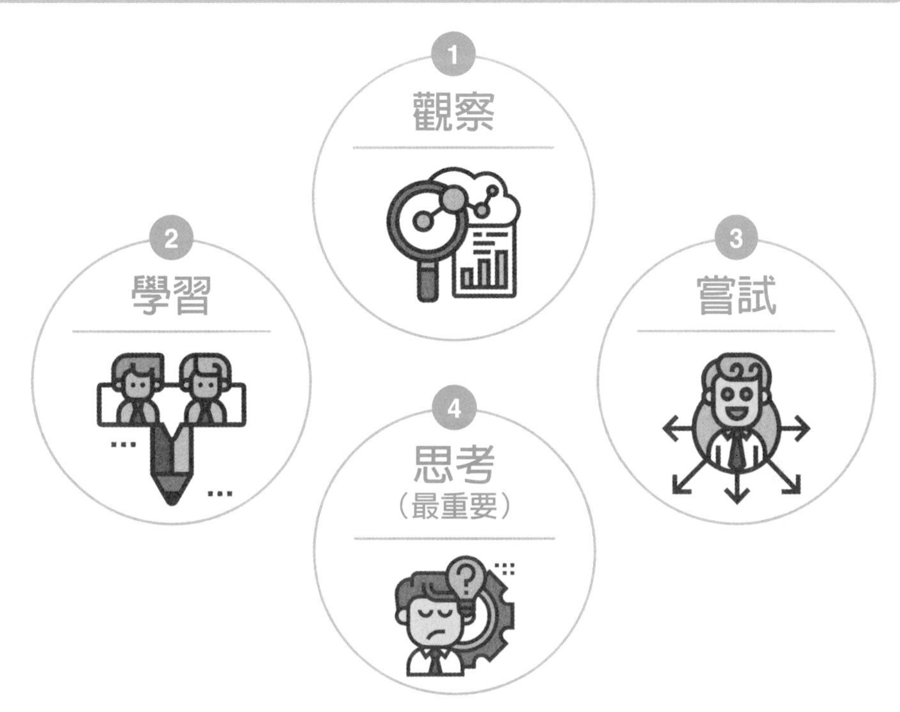

互相參與的管理

傳統金字塔型組織 → 流體型組織

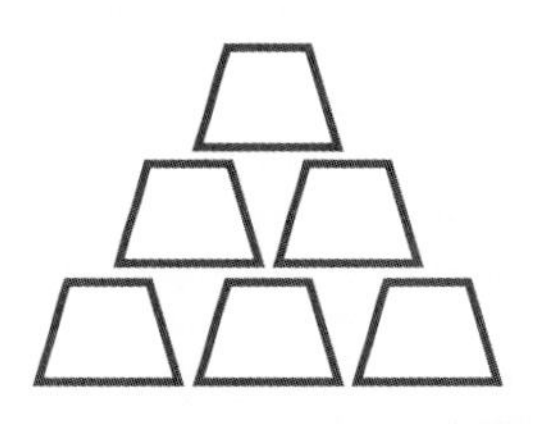

1-5 績效制度與人才培育

一、主管要能「告知」屬下弱點，並「塑造」員工

張忠謀認為考績制度是為了達成激勵與塑造下屬所產生的制度，大部分公司常將重點放在考績上，而忽略了「塑造」。張忠謀強調，考績制度的重點在於「培育塑造」功能，而不僅僅是看過往的表現而已。他認為，在進行考績時，很少有主管願意將下屬的弱點坦白告之，這需要改善；每個人的工作表現都是可以改進的，要有勇氣點出部屬的弱點。張忠謀認為一個公司必須要改掉不願意檢討別人的文化，能夠檢討的公司才會進步！

考績制度有一個很好的功能作用，即在確認表現最好的前10%與最差的5%員工過程中，可同時達到激勵效果及溝通效果。張忠謀認為，績效考核區分為A、B、C三級就可以了，A級是最好的前10%，C級則是最差的後5%，中間則是B級。不過，台積電仍然區分為A、B、C、D、E五級。有些公司則分為特優、優、普通、差四級制。

二、升遷的條件

張忠謀表示，在台積電層級經理以上的升遷，會有一個四人小組的委員會決定，主要是看這個人的理念及過去對公司具體貢獻度在哪裡。張忠謀認為，他所謂的人才不是看他的學歷或資歷，而是看他做事的態度與精神，他要的是愈戰愈勇的人，這種特質是無法從履歷表上看出來的，而要他親自去認識及發掘。

三、人才培育

張忠謀認為，現在很多公司都會舉辦很多訓練，包括：外訓、公司內部上課、或派到國外大學短期訓練。他表示，此作法用處有限。他認為，人才培育的主要工作有三：

1. 主管與部屬間的日常切磋、討論與精進。
2. 部屬的自我學習與自我進步。
3. 才是這些課程訓練。

此外，張忠謀也提出他認為員工最好的生涯規劃，就是每個人在自己工作崗位上，永遠做自己最有興趣的事情，而且對公司產生貢獻，盡力去做！

績效考核三大目的

1 激勵員工

2 與員工溝通

3 塑造員工
（讓員工更好！更強！更優！）

拔擢人才的三要點

1 對公司有具體的重大貢獻

2 個人的工作態度與工作精神

3 愈戰愈勇的人

人才培育三要項

1. 主管與部屬日常工作間的切磋、討論與精進
2. 部屬每天的自我學習與自我進步
3. 公司安排的各種內外部訓練課程

1-6 董事會與董事長的角色

一、董事會的角色

張忠謀認為，公司必須要有良好的公司治理，而董事會即是公司治理的樞紐。他表示：良好的公司治理，第一步應有獨立、認真、有能力的董事會。所謂獨立的意思，是要獨立於大股東、獨立於經營階層，而忠於全體股東。

張忠謀認為，好的董事會要有三個責任：

1. 監督：它必須監督公司守法、財務透明與及時宣告重要訊息，以及沒有內部貪汙。為了善盡監督責任，董事會必須建立組織及管道；例如，審計委員會，屬於財務專家、稽核師、內部檢舉管道等。
2. 指導經營階層。董事會應花相當多時間聽取經營階層的報告，也應花相當多時間與中高階層對話。
3. 僱用或免除經理級以上的人事權。

二、董事長的角色

有能力的董事，推舉出一個領導人，即是董事長，就成為有能力的董事會。董事長領導董事會，但他不能命令董事們，也不能罷免他們；他必須用他的智慧、判斷力、說服力，以領導董事會。沒有領導，董事會就會群龍無首，也就不能盡他們對全體股東的忠誠之責，所以董事長的角色非常重要。

公司發展策略有無可比擬的重要性，因為「對的策略是成功的一半」，公司經理人必須對董事會提報策略，董事會必須判斷這是高成功機率的策略，董事會也必須經常檢討策略的進展，而且有需要時，必須敦促專業經理人做調整及適度改變，以利公司整體營運。

好的董事會：三大要求與三個責任

三大要求

1. 獨立的
2. 認真的
3. 有能力的董事會

三個責任

1. 監督經營階層
2. 指導經營階層
3. 任免經理級以上主管

優良董事會！

董事會：要會判斷策略的正確性、成功性

董事會

首要任務，在於會判斷專業經理人提出的公司發展策略及營運策略！

1-7 台積電前董事長張忠謀分享經營五大心法

台積電前董事長張忠謀出席臺大EMBA舉辦的前瞻講座，分享他在台積電的五大經營心法，如下要點：

1. 經營者要把外面世界帶到公司裡面來，動員公司員工，迎接經營者帶進來的挑戰，這是經營者最大的責任。也就是說，經營者要把外部環境的變化、趨勢、商機、威脅、競爭狀況……等，了解及掌握的很清楚，然後與公司同仁一起面對、共同迎戰、爭取成功。
2. 技術的重要性。張忠謀認為，不管在任何型態公司，如果經營者不懂技術是不及格的。張忠謀做總經理前就開始自修，他碩士是念機械的，一下子跑到半導體工作；他一開始其實也不懂半導體，花很多時間自修，有不懂的就跑去問同事，然後拚命看書，一直弄到懂為止。張忠謀表示，尤其在高科技公司，科技變化很大，如果不懂技術與科技，就不能掌握產品開發的核心命脈，沒有產品力，就沒有一切了；因此，經營者對核心技術的分析、預測、掌握與創新，是經營者必備的基本能力。企業如果能領先技術創新，就能擁有相當的市場競爭優勢與先入市場優勢。
3. 領導能力。張忠謀表示，領導力有二大要素，第一是知道方向，且有明確的方向；第二，要有人跟隨，有些領導者自以為是領導者，但沒有人跟，那就不是領導者。張忠謀指出，他一向用誠懇方式對待所有下屬；另外，也強調賞罰分明的重要性。張忠謀會跟下屬保持一定距離，五、六十年來跟下屬社交非常有限。
4. 訂價的藝術與提高附加價值。張忠謀表示，他從美國回來臺灣後，常常聽到說要Cost-down（降低成本），這固然重要，但他認為Price-up（提高價格）更重要。如何能夠提高售價呢？只有一條路，那就是要提高價值（附加價值），包括提高產品價值與服務價值。而要提高價值，那就要領先技術及領先創新，能做到這二項，就可以提高產品的售價了。所以，創新是核心中的核心。

5. 經營策略及商業模式。張忠謀表示，「怎麼賺錢」就是商業模式的主要意思，這是他當好幾年總經理才開始學習的。另外，公司經營也必須要有好的與對的經營策略，有效的經營策略，可以為公司紮根競爭優勢及領先競爭對手，並且穩定成長下去，這一點也非常重要。

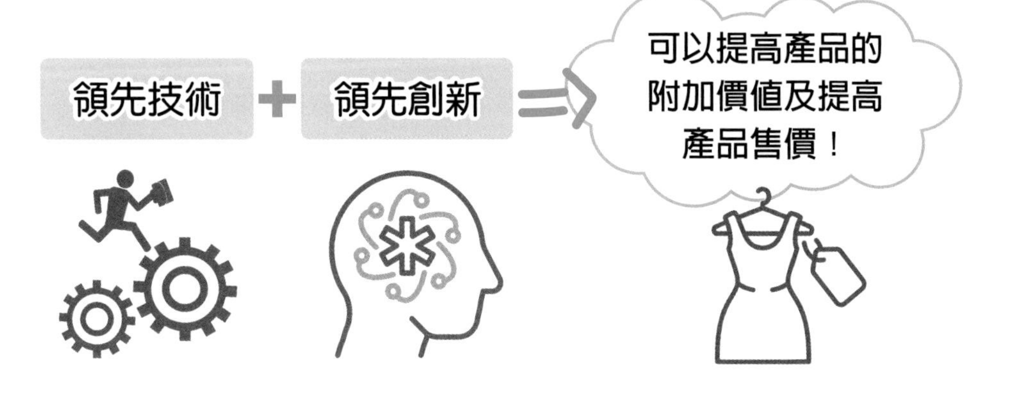

1-8 台積電的董事會經營之道

一、董事會是公司治理之樞紐

良好的公司治理，第一步應有獨立、認真、有能力的董事會，是獨立於大股東，獨立於經營階層，而忠於全體股東的。董事會應至少有過半以上的董事是獨立董事，事實上，歐美許多董事會，幾乎除了CEO外，所有董事都是獨立董事。為什麼要有獨立董事會？為了保護小股東權益，董事會不應該讓大股東，拿到他們股權比例以上的公司利益。

二、怎麼才是認真的董事會

嚴肅對待它的責任，就是認真。董事會第一個責任是監督。它必須監督公司手法、財務透明，及時宣告重要訊息，沒有內部貪汙等，為了善盡監督責任，董事會必須建立組織與管道，例如：審計委員會及應酬委員會。董事會第二個責任，是指導經營階層。包括三者備諮詢、鼓勵及警告，請注意，被諮詢是一個權力，也是一個責任，為了執行這三權，董事會應花費相當多時間聽取經營階層的報告，也應花相當多時間與經理階層對話。董事會可以聘僱經理人，也就是董事會第三個責任。（三個責任：監督、指導、聘僱經理人）

三、董事長的角色是什麼

有能力的董事，推舉出一個領導人，即董事長，就成為有能力的董事會。董事長領導董事會，他不能命令董事們，也不能罷免他們，但他必須用他的智慧、判斷力、說服力，領導董事會。沒有領導，董事會就會群龍無首，也就不能盡他們對全體股東之責，所以董事長角色非常重要。

四、董事會是否該制定公司的策略

策略有無可比擬的重要性，對的策略是成功的一半。經理人必須對董事會提擬策略，董事會必須判斷這是高成功機率的策略。董事會也必須經常檢討策略的進展，而且有需要時，督促經理人要作調整。在經理人部門擬定策略時，董事會應該充分運用三權：監督、指導、聘僱經理人。

台積電：良好公司治理，應有獨立董事會

良好的公司治理

1. 應有獨立、認真、有能力的董事會
2. 董事會應選出有能力、肯負責的優良董事長

台積電：董事會3個責任

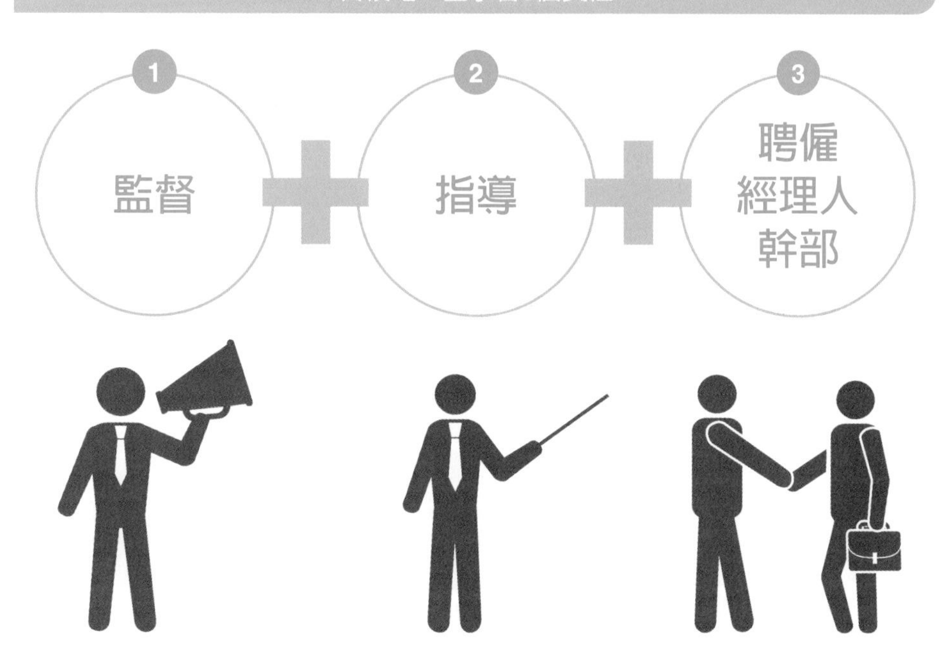

Chapter 2

第2位大師：鴻海集團創辦人郭台銘

2-1 什麼叫策略：方向、時機、程度

郭台銘創辦人他把公司贏的策略，簡化為方向、時機、程度。

1. 所謂方向，首先包括在眾多的產品線，要做哪一項產品；在全球市場中，要發展哪一地區的客戶？再進一步思考，要找哪一些技術？哪一些供應商？鴻海投入產品的方向，通常是未來發展潛力夠大。
2. 所謂時機，就是看準產業何時成熟；需要用到什麼樣的技術及人才。
3. 所謂程度，是指做事情的執行力，包括垂直整合走到多深、速度有多快。

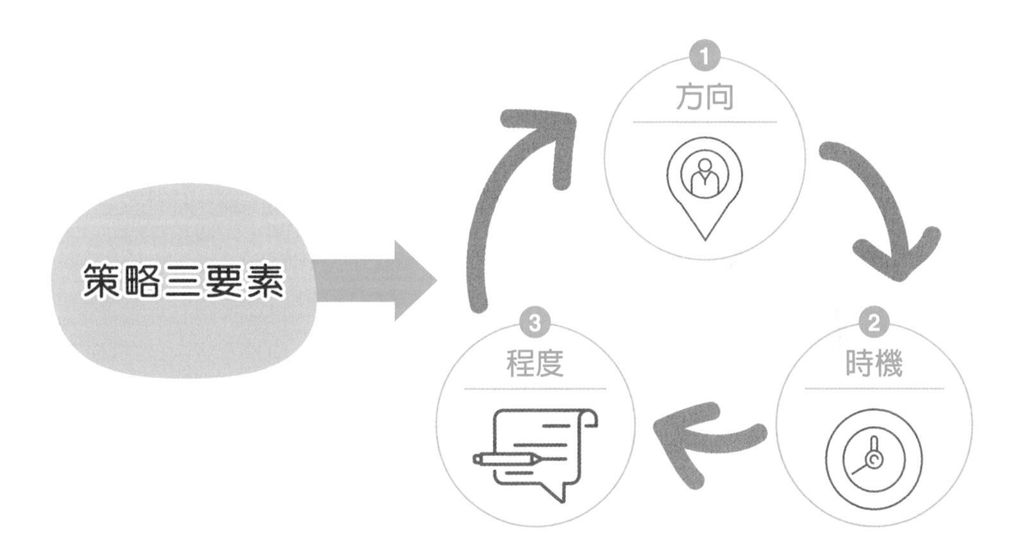

2-2 鴻海四大快速

郭台銘創辦人認為，鴻海集團全體員工都應該具備四大面向快速，才能勝過競爭對手，贏得市場及客戶的需求。如下圖示：

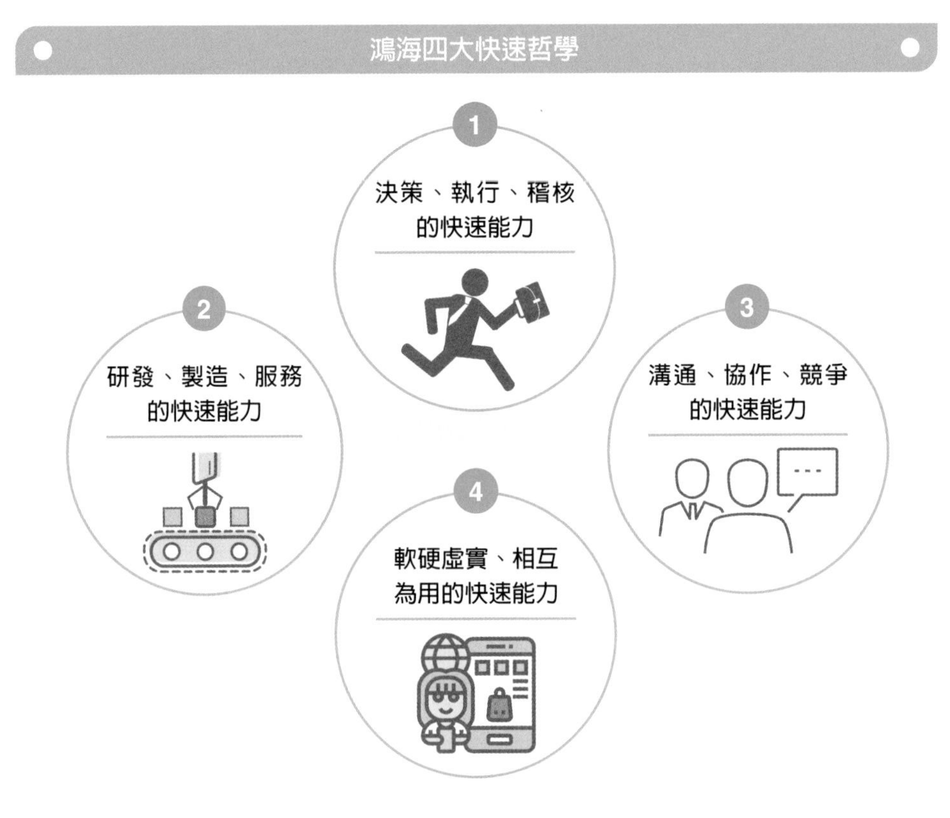

2-3 什麼是不成功的領導

在郭台銘眼裡，什麼是不成功的領導，那就是：

1. 不身先士卒的領導。
2. 遇事推諉的領導。
3. 朝九晚五的領導。
4. 賞罰不分的領導。
5. 希望討好每個人的領導。

郭台銘認為，一個領導者如果真心想讓組織擁有速度，最快的方式是用行動表現，勝過一百篇演講稿；講得再動人的話語，也不如親力親為！

不成功領導五點

2-4 何謂執行力

郭台銘心中所謂的執行力，就是指速度、準度、精度的全面貫徹，如此，才會提升執行力的真實完成，以及提升執行效率與效能。

1. 所謂速度，就是要快速度！
2. 所謂準度，就是要準確無誤！
3. 所謂精度，就是要精實有力！

鴻海執行力三要件

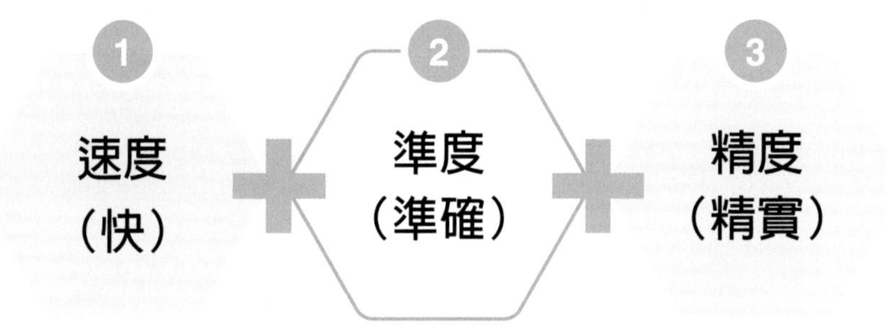

2-5 成功的途徑：抄、研究、創造、發明

郭台銘認為，抄，是企業家必須勇於學習及吸收百家之長，從「抄」開始；二是「研究」，三是「創造」，四是「發明」；這四個步驟是鴻海研究創新的路徑。

鴻海成功途徑四步驟

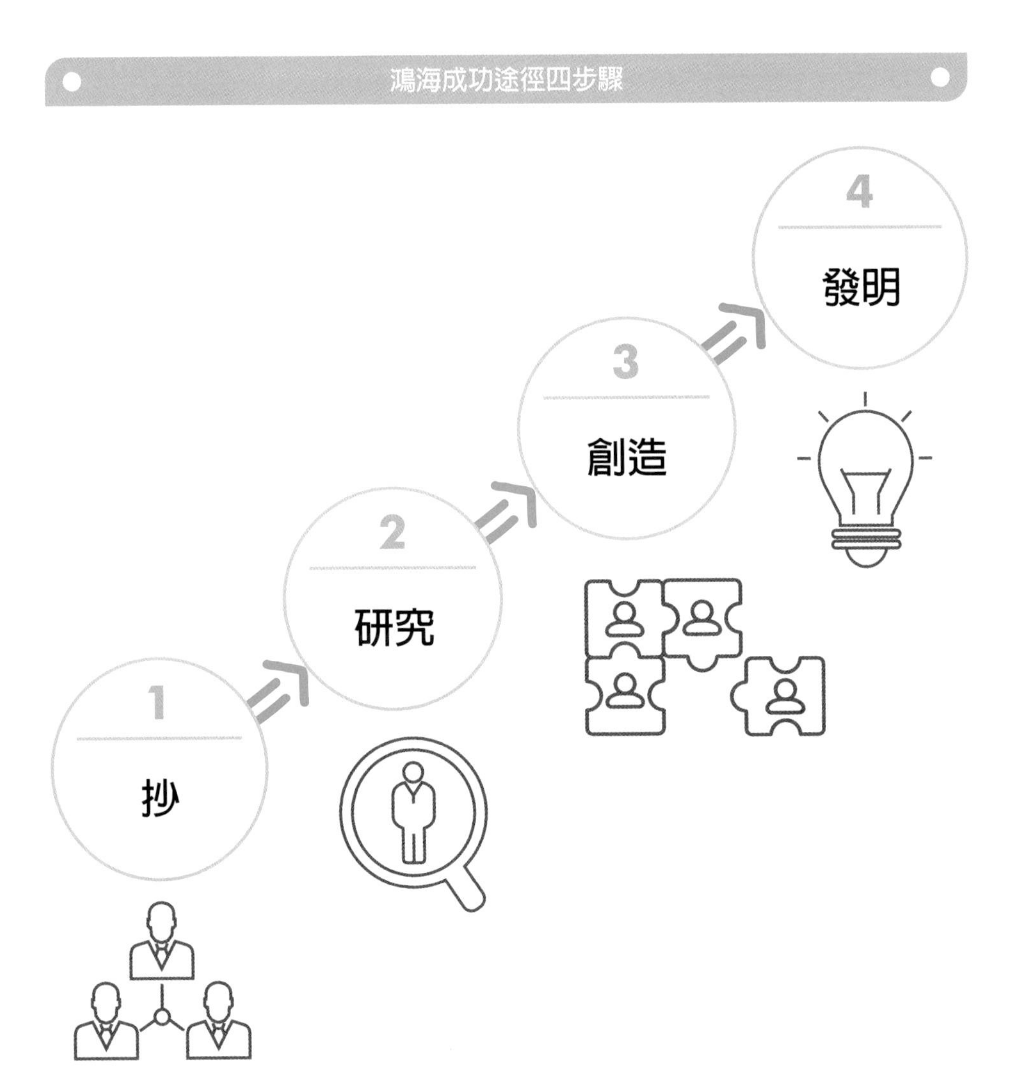

2-6 鴻海人才三部曲

剛進鴻海的新人，在還沒有接受企業文化的洗禮之前，對郭台銘來說，有再好的學歷及再強的技術背景，也都是「人材」，還不是「人才」。

什麼叫人才？沒有木的才，才叫做人才；如果有木，就是材，說明你還沒有被雕刻，也就是學習及改造，要想辦法把木去掉。

當「人材」變成「人才」之後，企業才能攻占市場，創造營收及獲利，於是「人才」又變成「人財」了。

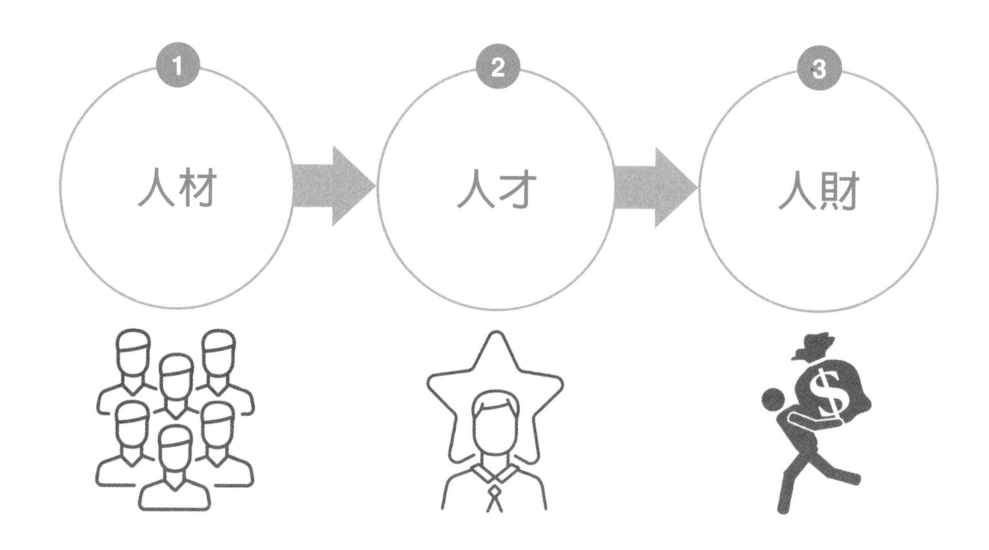

2-7 人才的三心：責任心、上進心、企圖心

郭台銘認為，初階幹部要有責任心，中階幹部要有上進心，高階幹部則要有企圖心。有責任心的人，做事遇到困難，他會千方百計去克服；有上進心的人，他會追求個人及公司的不斷進步；有企圖心的人，則會努力帶動公司及集團更大、更遠、更成功的發展願景。鴻海就是靠著所有幹部的這三心，一路成長壯大。

鴻海人才的三個心

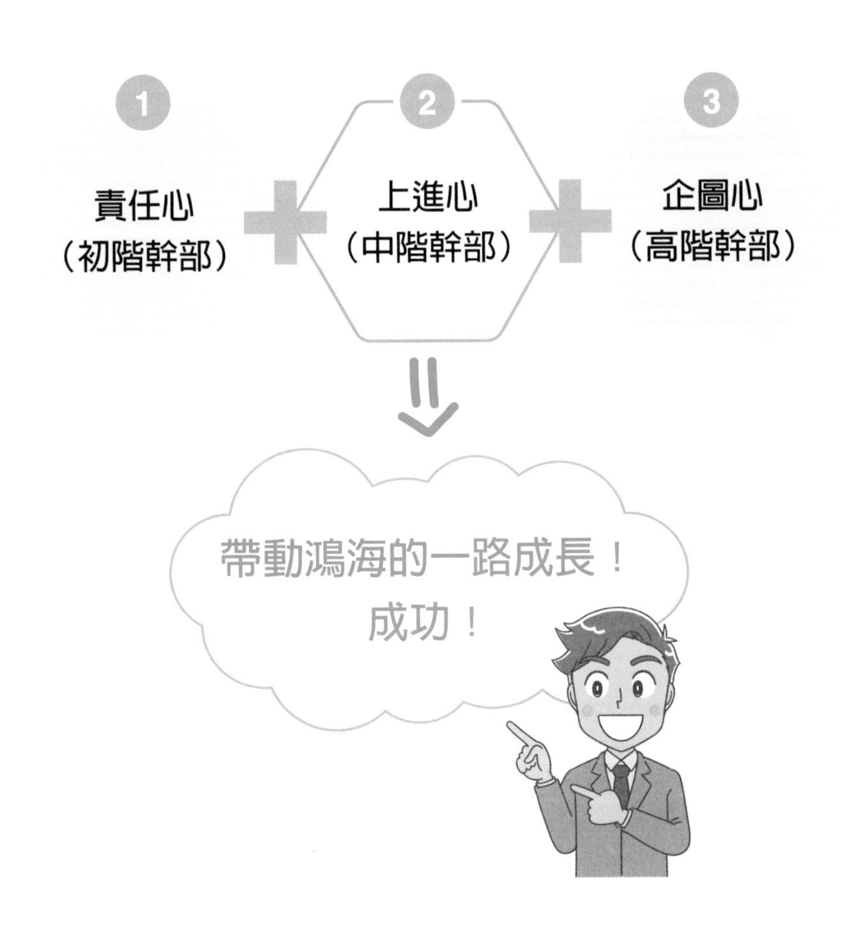

2-8 發展的根本，建立在「隨時應變」的執行能力上

郭台銘表示，在企業發展最順利的時候，仍提醒幹部，一定要保持「應變」能力，因為這種應變的能力，才是發展的根本。

鴻海幾乎每三年都會大幅調整組織，「變」也是防止鴻海組織愈來愈大而走向官僚化的良藥。

發展的根本：
「隨時應變」
的執行能力！

2-9 主管每天要做什麼？定策略、建組織、布人力、置系統

在全球化時代，郭台銘要求主管要能夠每天都做全面性的思考，而「定策略、建組織、布人力、置系統」，是幫助主管有步驟的思考及執行。

一、定策略

即是布局全球的策略，以最快時間、最低成本支援客戶。

二、建組織

在哪個地點設立工廠，才最符合經濟效益。

三、布人力

找到工廠的作業員及其幹部人員。

四、置系統

建立工廠標準作業流程。

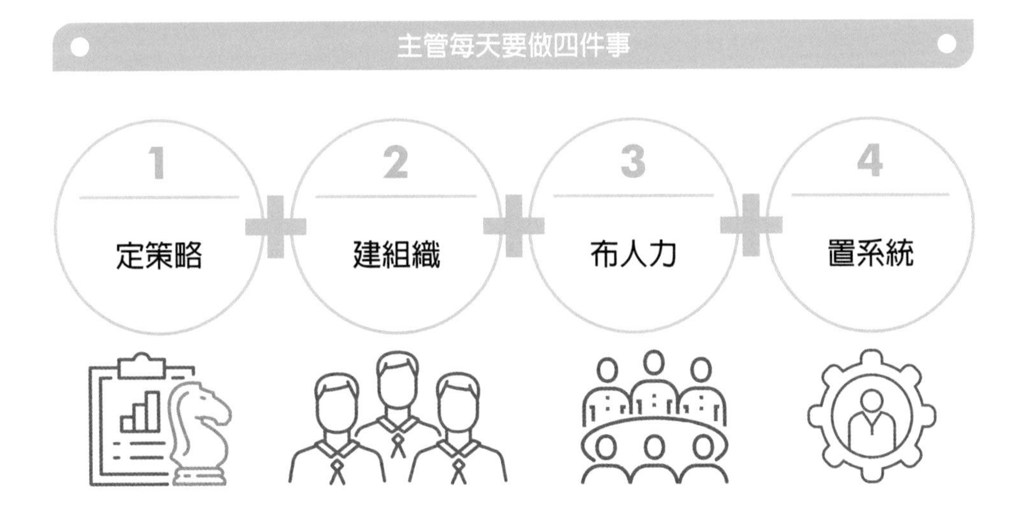

2-10 鴻海管理制度的四化

鴻海工廠經營非常四化的管理制度要求，如下：

一、合理化

即指削除一切浪費的動作，使一切的組裝行為都能達到合理化要求。

二、標準化

即指所有一切的組裝行動，都是達到標準的、劃一的，以保證生產品質水準的齊一性。

三、系統化

指一切思考及行動，都能符合邏輯性、結構性，這就達到系統化要求。

四、資訊化

指一切表格化、畫面化、人工化的東西，都要轉換為電腦化及資訊化，以提高工作效率。

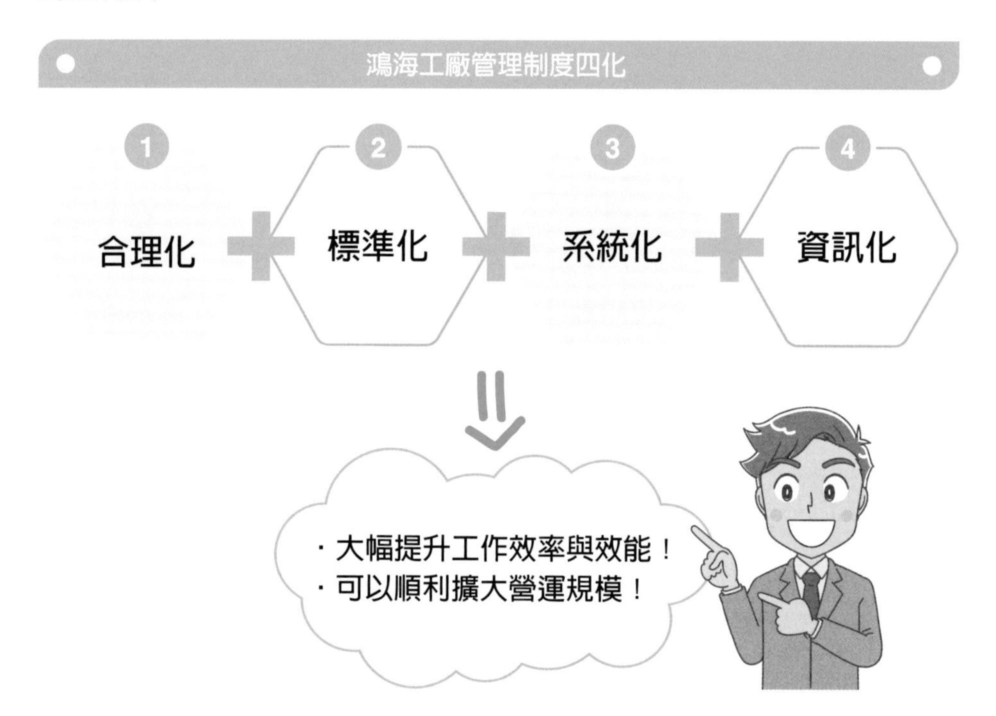

2-11 企業沒有景氣問題，只有能力問題

郭台銘認為，景氣不是問題，關鍵是公司競爭力，企業將面臨一場殘酷的淘汰戰。即使景氣好時，也有做不好的企業；景氣不好時，也有逆勢突圍的好公司。所以，不能只以景氣來做投資決定，而要深入去比較，找出未來的贏家。失敗的人找理由，成功的人講方法。

- 企業沒有景氣問題，只有能力問題！
- 失敗的人找理由！成功的人講方法！

2-12 決策的錯誤，是浪費、損失的根源

郭台銘認為企業各級做決策時，必須注意它的及時性、快速性及正確性。決策一旦錯誤，就會造成很大的損失及浪費。小決策是小損失，大決策就是大損失，不可不注意！

決策的錯誤，引起損失

2-13 鴻海的工作精神：合作、責任、進步

郭台銘指出，鴻海全體員工的工作精神，就是下列三項：

一、合作

就是團隊合作，一件工作的完成，以及一個公司的成功，那是靠數千人、數萬人共同努力以及共同合作，才能成就的。因此，沒有個人英雄，只有合作的組織團隊。

二、責任

每個員工，都要有工作責任感，做好自己份內的工作，不要發生問題，每個人都有責任感，這個組織團隊一定是成功的。

三、進步

沒有進步，就是退步，公司組織要有競爭力，一切都要有進步，唯有每個員工都在進步中，公司才會持續領先及成功。

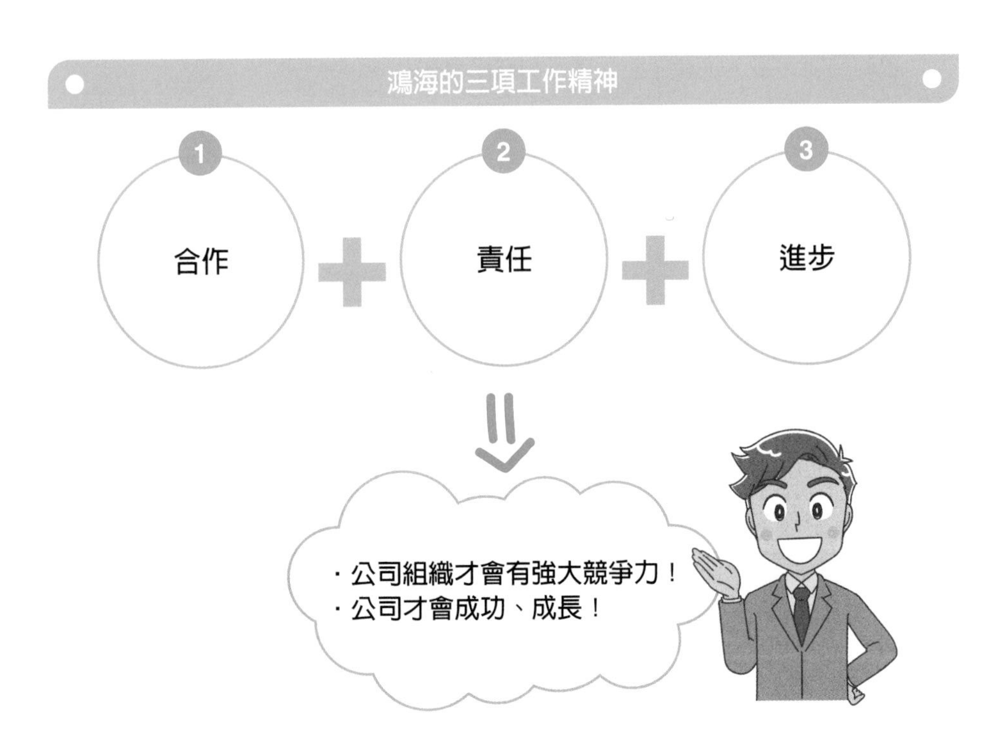

2-14 公司的「可信度」及「長遠性」來自八大項

郭台銘認為一家大公司的「可信度」及「長遠性」，主要來自八大項，如下：

一、經營階層的穩定性

如果一家公司常換執行長、財務長，一定很難顯現經營成效。

二、高階主管的認真度

專業經理人的專注及專業，是公司的基石。

三、全球化的平衡度

每家公司都要有全球化的能力。

四、經營決策的速度

公司股權清楚、授權完整，才能在最快時間達到共識。

五、員工利益緊密度

激勵制度完整，企業才能與員工利益結合一起。

六、客戶的分散度

多元化市場及產品，業績才能穩健成長。

七、技術的掌握度

有核心的專利及技術來源發展。

八、團隊的合作度

組織設計有效率，才能展現整體成效。

企業的可信度及長遠性主要八項

1 經營階層的穩定性

2 高階主管的認真度

3 全球化的平衡度

4 經營決策的速度

5 員工利益緊密度

6 客戶的分散度

7 技術的掌握度

8 團隊的合作度

· 邁向成功且卓越的企業！
可長可久的企業！
· 值得信賴的企業！

Chapter 3

第3位大師：全聯第一大超市董事長林敏雄

3-1 堅持低價、微利！只賺2%

3-2 全聯成功的五大關鍵

3-3 捨得讓利，才能真便宜

3-4 與廠商共好，打造乾貨王國

3-5 展店大軍，全臺布點

3-6 全聯有容乃大的企業文化

3-1 堅持低價、微利！只賺2%

1. 林敏雄自接手全聯以來，即堅持低價及微利，要求全聯的訂價必須比市場行情便宜5%～20%，他相信只要少賺一點，管理成本再低一點，自然就能便宜一點，廣大的消費者就能因此受惠。
2. 因為是從照顧民眾出發，全聯的商品雖然低價，但是品質絕不打折，這是他對消費者不變的承諾。
3. 全聯能堅持低價策略，獲得廠商的支持非常重要，雙方攜手合作，共同成長茁壯，他追求的是全聯、消費者及廠商的三贏。
4. 林董事長相信，經營企業不能只是追求獲利，更要善盡社會責任。

全聯超市：堅持低價、微利

堅持低價、微利 →
堅持只賺2% →

- 追求消費者、廠商及全聯的三贏局面
- 善盡社會責任

3-2 全聯成功的五大關鍵

林敏雄董事長認為全聯二十多年來，能夠成功、成長，主要有五大關鍵，如下：

一、公司發展方向正確

全聯堅持厚植規模力，經由門市版圖不斷擴展到今天1,100家，成為供應商不能忽視的通路，既能促成業績不斷成長，又能降低營運成本。

二、團隊協力合作

前線營業人員積極衝刺，把全聯當作自己的事業在打拼，再配合後勤同事的最佳支援，才能在超市通路打下成功的地位。

三、低價！消費者支持

消費者支持全聯，也是成功的關鍵之一，因為全聯的低價，使消費者省下荷包，消費者的忠誠回購率，使全聯業績穩定成長。

四、供應商支持

上游商品供應商的支持及配合低價政策，使得全聯得以貫徹低價政策。

五、廣告成功

早期全聯先生的電視廣告片，深入人心，也打響全聯超市的知名度，此亦為成功因素之一。

全聯成功的五大要因

1. 公司拓店加速的方向正確
2. 團隊協力合作
3. 低價！消費者支持
4. 供應商的支持與配合
5. 廣告成功

3-3 捨得讓利，才能真便宜

林敏雄董事長堅持淨利2%，售價比同業便宜5%～20%，全聯以規模經濟回饋消費者。每一個全聯人都知道，林董事長有接受不同意見的胸襟，唯一不能挑戰的天條，就是價格。他要讓全臺灣每個地方的人，包括偏鄉的人，都能享受全聯長期而穩定的平價。他表示，就是比人家更便宜，即使賠錢，也要比別人便宜。他把全聯當成半公益事業。

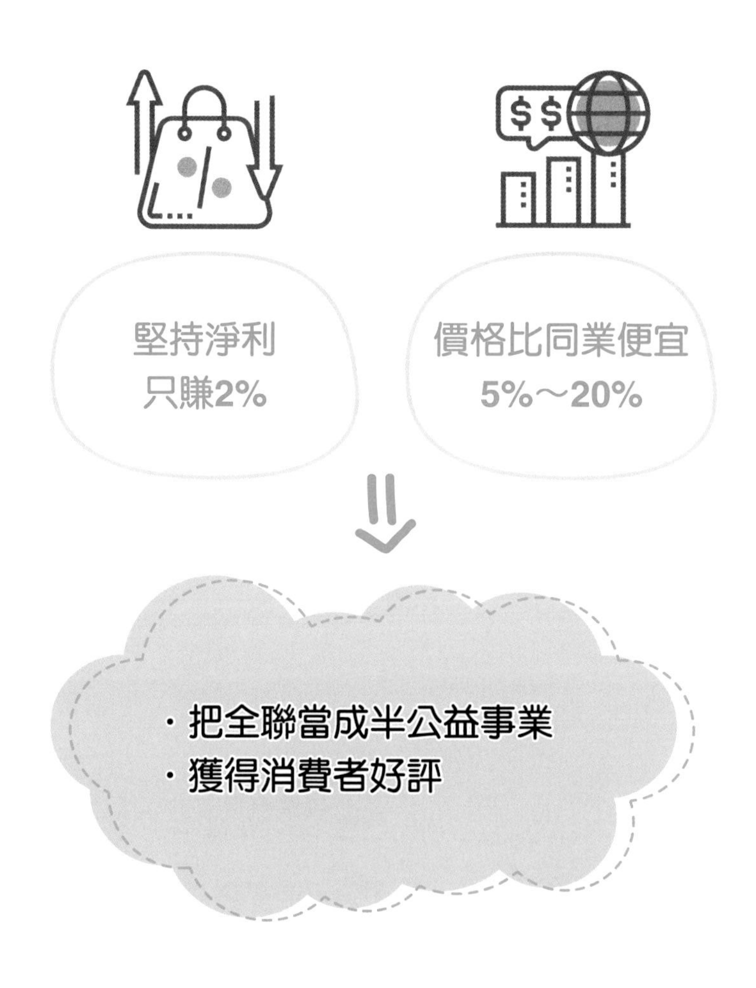

3-4 與廠商共好，打造乾貨王國

以乾貨崛起的全聯，經過多年深耕，乾貨已經穩坐國內零售的龍頭位子。在20個乾貨項目中，至少16項，全聯的銷量都是全臺第一的。

廠商願意配合寄賣模式、願意共同讓利，全聯才能靠著「實在真便宜」打出江山。廠商和全聯是生命共同體，所以，林董事長經常跟同仁交代：「一定要讓廠商賺到錢。」而要讓廠商賺錢，最實在的方法，就是讓他們的產品熱賣而且賣得更多，因此全聯積極與廠商合作促銷及主題行銷，提高買氣。

全聯以快速展店的策略，建立了龐大的通路；店數就是影響力，也是全聯讓廠商賺到錢的最佳保證。

全聯與廠商共好

3-5 展店大軍，全臺布點

全聯以展店加上併購，打下超市第一大，目前店數已有1,100家之多，足以讓其他競爭對手趕不上。大量展店是林董事長壯大全聯的重要策略，他認為在流通業，店數帶來的規模經濟，是生存的關鍵。

果然，透過快速展店，累積了全聯作為大型通路的實力，除了讓初期不支持全聯的供應商回心轉意，也成功擺脫被量販店壓著打的逆勢。在開店250家後，全聯開始損益平衡，業績向上拉出快速成長曲線。

快速展店，越過損益平衡

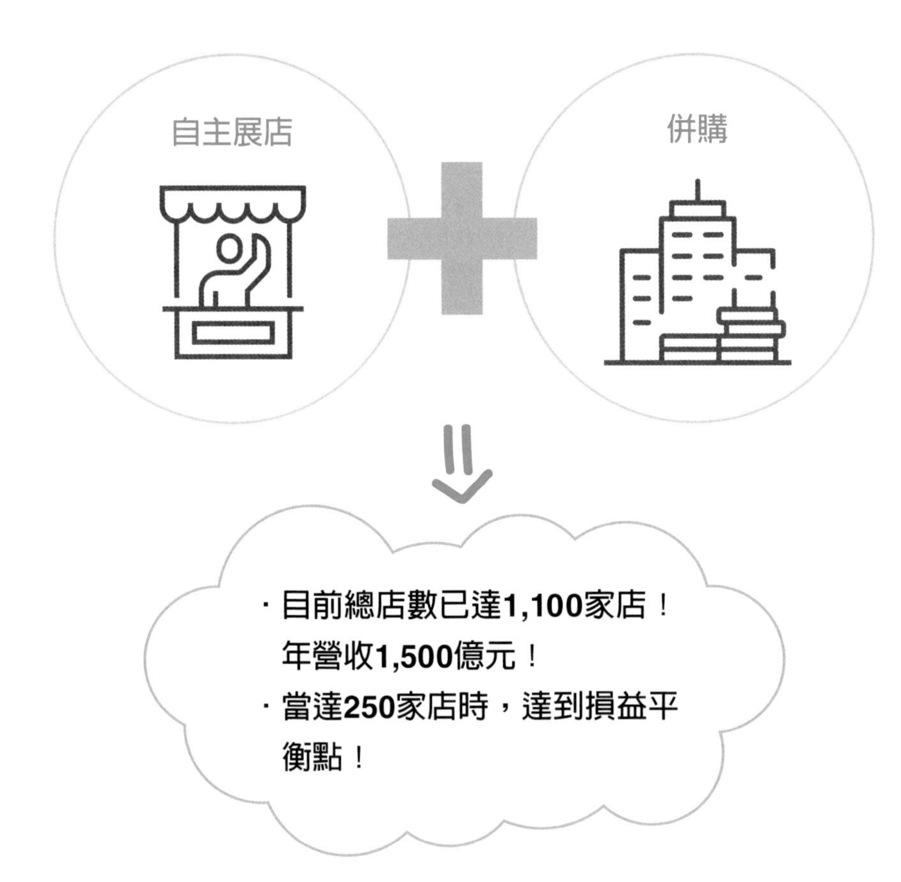

3-6 全聯有容乃大的企業文化

林敏雄董事長有何領導祕訣，他表示：「我沒有管什麼，都是授權給大家啦！」那萬一出錯怎麼辦？他回答：「他們會自己改正，而且犯錯不算什麼，公司承擔得起。」全聯可以說是有容乃大企業的最佳寫照。

林董事長的用人哲學，就是尊重專業，接納不同意見，肚量大，因此福氣也大。信任員工、充分授權，一直是林董事長的用人特色。員工則會自主的積極承擔責任，並且全力以赴。

林董事長看人，會盡量看他的優點，把人擺在對的位子上，而且，他會把員工當作自己人，完全信任。

Chapter 4

第4位大師：統一超商前總經理徐重仁

4-1 領導者的四個任務

一、領航者要知道船開往哪個目標及方向

徐重仁表示，做一個領導者、經營者，要做好領航者的角色。經營者好像是開一條船的船長一樣，這條船要開往哪裡，你一定要知道目標在哪裡？方向在哪裡？如果自己都不知道要去哪裡，沒有一定的走向，可能開到碰到冰山。

二、要有一個當責的決心

你要負責，就要用心、要負起責任，不應只是說我來試試看再說；因此，領導者要有一個當責的決心才可以。

三、你自己一定要有遠見、要有自己的思維及敏感度

徐重仁認為，看事情除了眼前注意之外，也要有遠見，看到中長期未來的變化及趨勢才行。此外，自己也要有獨立性思維及敏感度，才能領導部屬跟你走。

四、正派、透明的經營

經營事業，如果正派經營，一步一步去做的話，應該會做出效果來；經營事業只要穩健踏實、財務透明、用對的人，這事業應該就會成功。

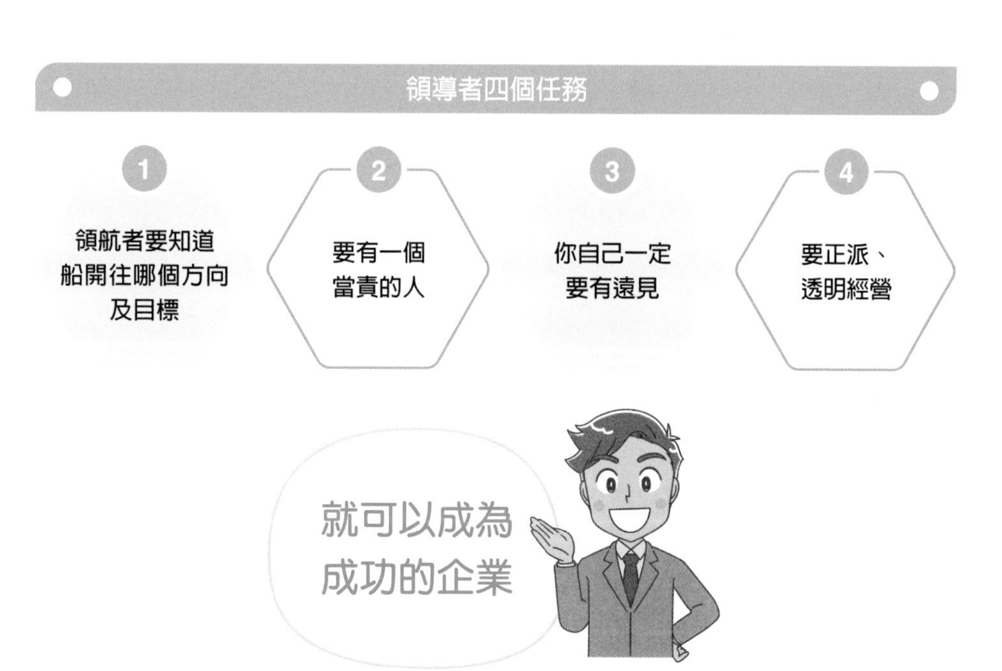

4-2 企業一定要有危機感

徐重仁表示：「當一個人或組織，處在一個成功的階段時，我就會提出警訊。我經常會偵測地震一般，已經先感應到未來的情況，以及未來可能發生的競爭或危機。因此，我跟別人的思考不一樣，我一定要知道、要看到未來的趨勢，以及未來潛藏的危機或商機，才能知道提早因應準備，避免措手不及。」做好因應計劃，才能度過可能的危機。

· 一定要看到未來潛藏的危機，做因應準備！
· 面對危機，才能使企業更堅強！

4-3 企業長青的關鍵，在於創新與突破

徐重仁認為，企業能不能基業長青的關鍵，在於能否創新與突破；若不能做到創新與突破，就沒有辦法發展。而創新與突破，主要有下列的十項類別：

企業長青的關鍵在創新與突破十項

1. 技術創新
2. 商品創新
3. 設計創新
4. 研發創新
5. 包裝創新
6. 製造創新
7. 廣告創新
8. 行銷創新
9. 服務創新
10. 業務創新

4-4 思考第二條、第三條成長曲線

徐重仁認為，企業在每個階段，都必須思考它未來三年、五年的營收及獲利成長曲線，才能維持不間斷的持續成長目標。他以統一超商為例，它在每個不同階段都有帶動第二條、第三條的成長曲線；例如：City Cafe的成功、鮮食便當的成功、網購店取的成功、代收服務的成功……等，都帶動統一超商不斷成長。這有賴領導者做出未來成長方向的決策指示及全體員工的執行力貫徹。

4-5 經營對策要簡單、可執行

徐重仁認為，實務上，很多事情、很多經營對策，都要努力把它簡單化、把它可執行化，不要想得太複雜，凡事簡單處理，並解決核心問題。

徐重仁表示，做一個領導者要務實，清楚知道事情的原理，不可以想法籠統而無焦點，要知道如何先完整的解決第一個問題，然後再解決第二個問題。

任何事情的解決原則

- 要簡單！
- 要可執行！
- 不要搞得太複雜！

4-6 市場沒有消失，只是重分配

徐重仁指出2019年，無印良品在東京銀座最新開幕的新概念店，從地下一樓到十樓，將衆多零售業態都包括進來了，如生活雜貨、餐廳、超市、咖啡廳、藝術文化教室、書店、居家設計以及無印大飯店等。

無印良品正在打破行業界線，不管僵硬的產業分類，只看消費者的需求，這種業態模糊的時代已經來臨。業態模糊讓很多事業都混在一起，也讓市場的競爭更加激烈，商家不只要跟同業競爭，更要和異業競爭。

徐重仁認為，市場不會消失，只會重分配。企業若沒有持續精進，原有市場就會被重新分配，甚至被異業、同業分配掉了。

企業永遠沒有極限，只能一直進化與進步才行！

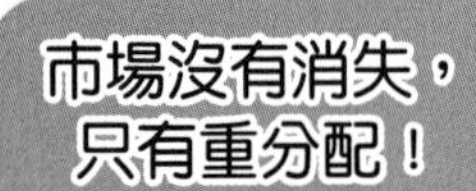

企業要一直努力求進步，才不會被異業／同業分配掉！

4-7 顧客不方便、不滿意的地方，就是商機

徐重仁經常表示，顧客不方便、不滿意的地方，就是商機所在；他認為在看似衰退或飽和的市場，其實還有很多縫隙可以開發，就看你有沒有用心把它找出來。

徐重仁表示，當年顧客就抱怨為什麼7-11沒有提供好喝且方便的咖啡，之後，統一超商就努力從軟硬體設施開發出City Cafe，後來終於一炮而紅，提供給顧客方便、平價與滿意的咖啡來喝。

徐重仁也說，顧客想要的無非就是「高CP值」、「物超所值」的產品與服務，在踏進任何一個新市場時，大致也是朝這個思考方向出發。

簡而言之，消費者喜歡物超所值的東西，如果讓他們覺得商品的價值高過價格，他們就會買單。從這個方向去思考，各行各業都還有很多生意可做，市場的縫隙永遠都會存在的。

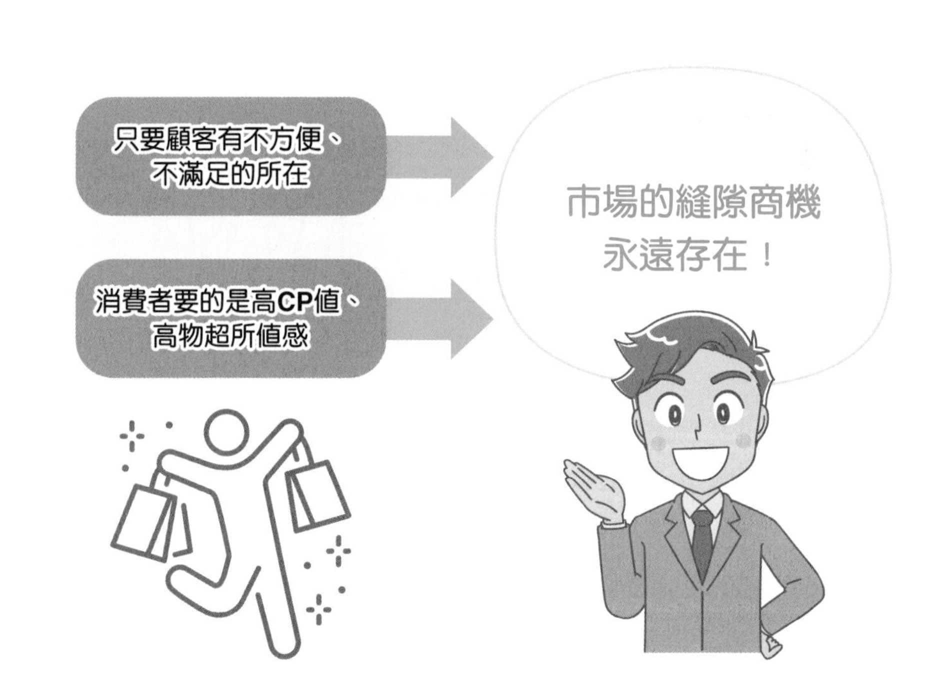

4-8 「庶民經濟」時代來臨

徐重仁表示，從近年來消費行為的演變來看，「庶民經濟」當道的時代已經來臨。所謂庶民經濟，是指以普羅大衆為服務對象的經濟，你賣的衣服要大家都穿得起，食物餐飲也要大家都吃得起；未來這個趨勢只會更加明顯。

他認為不管從事什麼行業，要在庶民經濟中勝出，「平價」與「物超所值」是二大關鍵；以日本為例，最早打出庶民經濟需求的是「百元商店」（大創）。大創一百日圓商店可以在兼顧利潤的情況下，讓消費者「賺到」的感覺，如此生意才能做得長久。

他認為，企業只要能夠順應時代的需求，就能找到機會。

4-9 看見庶民經濟的主流顧客群

徐重仁有次在日本東京前往千葉縣幕張的一家好市多（COSTCO），賣場裡人山人海，幾乎擠滿整個空間，放眼望去，顧客年齡層以20歲～40歲的消費者居多。他看到好市多受歡迎的程度，就充分感受到現代以「平價庶民消費」為訴求的商業主流，舉凡外食、零售，無不是以低價同時又具備一定質感與水準的商品最受顧客青睞。

在日本為什麼好市多、百元商店、優衣庫服飾的生意會那麼好？主要也是以低價取勝，而這正是當前世界消費的主要潮流。尤其，現在貧富差距愈來愈大，一般民眾都希望用最低支出，換取最大價值。

4-10 買東西不只看「價格」，還要看「價值」

徐重仁認為，雖然庶民消費時代來臨，大家都喜歡便宜的東西，但是如果只是便宜但品質不夠好，質感也不夠，那麼光便宜也做不久。有些高品質、高附加價值的商品，定價高一些，這也是合理的，因為它們的成本也會高一些。而且，現在也有一群所得較高的消費者，他們要的是質感高一些的產品，因此，必須以高品質、高價值感，來滿足這一群人。

較高所得的消費者

喜歡較高品質的東西，
即使價格高一些，他們
也會接受！

4-11 「顧客滿意」為事業成功的關鍵

徐重仁認為，企業的利潤或經營績效好壞關鍵，都在於能否讓顧客滿意及感動。他說，經營事業最重要的是滿足顧客，也唯有如此，企業才會有錢賺。他認為顧客滿意度決定因素有三個：即商品、服務及形象。顧客常是憑著直覺，也就是瞬間的感受，決定是否滿意，因此環境也很重要。

他說，對於顧客需求的變化保持高度敏感，並積極改善顧客不滿之處，甚至為顧客設想，開發出能讓顧客意想不到、卻大為感動的商品或服務，如此的企業才會有長遠的未來。

顧客滿意是事業成功關鍵

1 商品滿意 + 2 服務滿意 + 3 環境（賣場）滿意 + 4 形象滿意

⇓

· 企業才可以長久經營！
· 企業才能獲利！

4-12 創新與變革

徐重仁表示，現在全球一流的企業都在不斷變革、自我超越。即使在每日工作的方法中，就可以進行許多小的改善，累積出小的變化與動力。

他又表示，企業衰退的原因在於驕傲與自我滿足；企業要不斷成長，一定要突破自我滿足與傲慢，而且經營者不應只顧追求事業的規模，而是要不斷追求革新。

徐重仁所謂的經營革新，包括：

1. 成本的下降。
2. 行銷手法不斷翻新。
3. 新商品開發。
4. 新通路拓展。
5. 內部組織變革。
6. 資訊科技不斷提升。
7. 服務不斷細緻化。

他說，即使是全球最大零售業沃爾瑪（Walmart），仍然還是不斷的自我超越，在堅持好的營運守則的同時，也持續管理革新，並運用新科技提高效率，以最快的速度滿足消費者。

創新與變革的七大方向

1

成本的下降

行銷手法
不斷翻新

新商品開發

新通路拓展

5

內部組織變革

資訊科技
不斷提升

服務不斷
精緻化

4-13 消費趨勢的創造者

徐重仁常說：從消費者情境思考，貼近消費需求，是事業經營成敗的關鍵。唯有如此，才能滿足市場需求，甚至創造需求，引領消費趨勢，並在其中掌握到商機。

他表示，經營事業，不論景氣好壞，就是要不斷的自我挑戰、追求突破、看準趨勢、堅持到底。他認為無論是經營通路或生產事業，都不能坐以待斃，必須以靈活的概念，時時用心觀察環境的改變，並預見潛在的消費需求，主動去開發滿足。

他認為，身為市場的領導者更須以「消費趨勢的創造者」自許，眼光放遠，看到未來的趨勢需求。

他更鼓勵大家要不斷為消費者創造更美好的生活而努力！

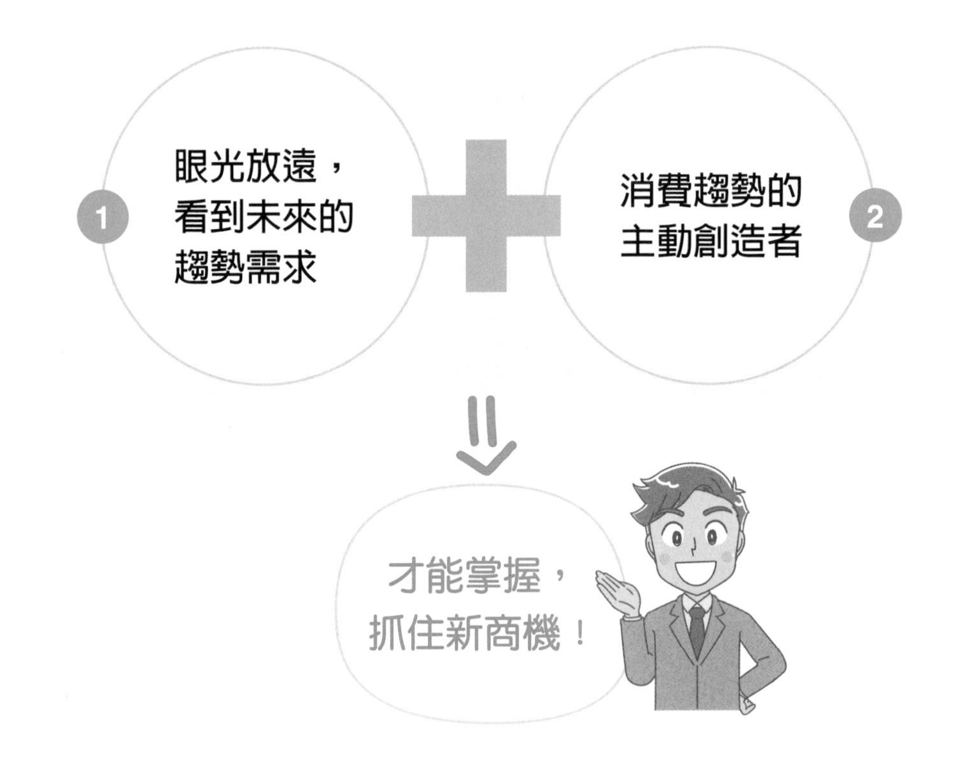

4-14 領導者應具備「解讀未來的能力」

徐重仁認為，一位卓越領導者，必須具備「解讀未來的能力」，並在下決策後，滿懷勇氣往前走，徹底執行，並針對每個細節一一確認、快速修正、全盤掌握，如此才能讓企業經營績效不斷提升。

他表示，現在是一個由「量」變成「質」、由「價格」變成「價值」、利潤比營收額更重要的時代。唯有透過組織能力強化及全員顧客導向的努力，才能真正立於不敗之地。

4-15 談授權

徐重仁認為，授權的第一步是「適才適所」，選擇合適的人才做適當的工作。在授權過程中，領導者有責任帶領經營團隊朝向正確方向前進，並且因應快速變化的環境，做出迅速而明確的決策。

接著，就是建立制度化的運作模式，讓每一階層的幹部都養成解決問題的習慣，以及主動創新、革新的精神，調整工作方法及作業流程，不會動不動就把問題丟給上層主管或老闆。如果老闆不肯或不放心授權，是無法形成這種氣氛的。

但這樣做難免會有錯誤與風險，所以領導者必須適時提供協助與輔導。例如，有些工作可以讓主管放手做，有些工作則須由領導者親自帶著經營團隊一起做，讓他們從做中學，累積成功經驗，這樣的學習效果最佳，風險也最低。

徐重仁認為，企業透過授權，可以培養員工主動解決問題與改善工作流程的精神，並提高運作效率。身為主管的人，更應具備這種能力，否則不足以擔當大任。

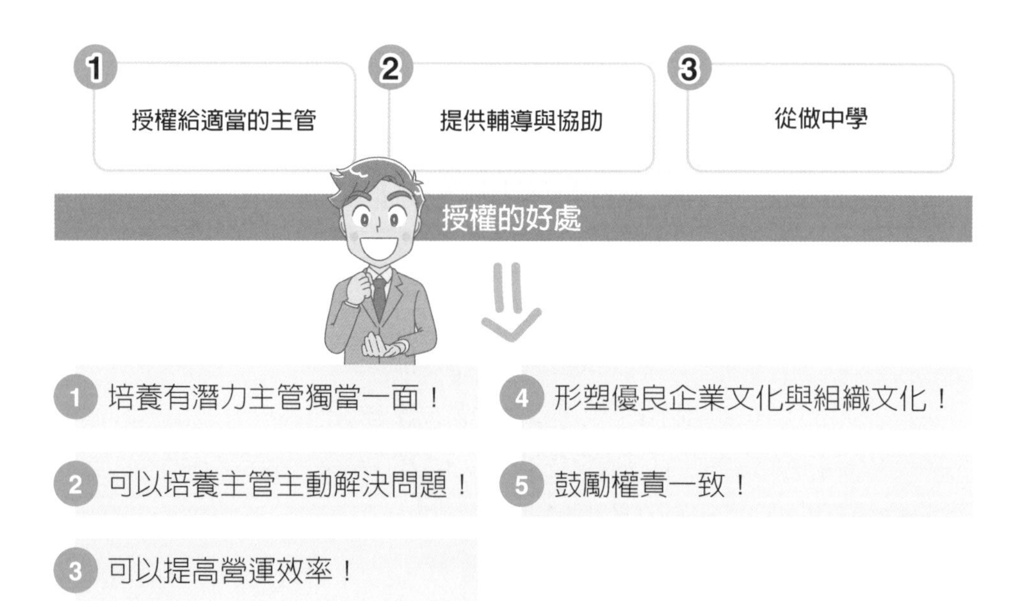

4-16 堅持品質是長期的功課

徐重仁認為，服務業中，尤其是食品餐飲業者首當其衝，當務之急是持續做好品質控管，並加強員工的衛生品質教育及訓練。為了讓消費者吃得安心，統一超商多年前即推動「200%QC」，並特別召集品管人員，成立「200%QC」小組，確實執行超越百分之一百的品管作業標準。所謂「200%QC」意指百分之二百的品質保證，執行範圍從原物料端到工廠，工廠到物流中心，物流中心到門市，門市到消費者端，可說是全程的供應鏈品質保證。

徐重仁認為，只要能凡事站在顧客的立場，最終必會得到顧客的信賴；只要不嫌麻煩、不怕挑剔的全力維護產品品質，則品質這門功課是永無休止的。

成立「200%QC」專案小組

- 堅持品質是長期的功課！
- 堅持全程供應鏈的品質保證！
- 全力維護產品品質，就會得到消費者信賴！

4-17 熱忱與學歷哪個重要

徐重仁認為，凡事準備好的人，永遠有機會，最重要是要保持一顆熱忱的心，不停的學習。在工作職場上，對人及對工作的熱忱，往往比學歷更重要，只要肯努力，在「社會大學」比「正式大學」更容易讓自己成長進步或脫胎換骨。

他表示，企業用人，固然專業背景與學歷很重要，但工作的熱忱、衝勁與觀念的創新，其實比學歷及專長更重要。可見一個人只要有熱忱，就會去學習，並且有機會成為成功的領導者。

多年下來，徐重仁體會到，熱忱會讓人產生動力，促使你不斷嘗試新的事物與築夢，進而得以實現人生的理想，並不斷衍生出更大的成長動力，形成一個良性的循環。

社會大學

- 學到更多工作上的技能與知識
- 對工作的投入與熱忱比靜態的學歷更重要

正式大學

拿到學歷

4-18 每天讀書三十分鐘

徐重仁認為，為了不讓自己被淘汰，就必須不斷自我充實、提升。他的方法是每天讀書三十分鐘，他這個習慣已養成多年，對經營事業及自我提升有很大助益。

徐重仁表示，當新事業不斷衍生，每次都面臨新的挑戰，身為領導者，必須在最短時間內做出最佳決策，除了請教專家外，他也會從各種書中學習、找資料，作為決策參考。

他表示，面對今天這個「超競爭」的環境，個人及企業一樣，如果不持續強化自己的實力，是很難生存下去；閱讀則是最簡單而經濟的充實自我管道。當然，讀書之後，必須設法運用在工作上，才能把知識轉化為自己的專業與技術。

- 不斷自我充實提升！
- 能夠運用在工作上！
- 可以增加快速決策能力！

Chapter 5

第5位大師：城邦出版集團首席執行長何飛鵬

5-1 「策略」就是想高、想遠、想深

5-2 人才的三種層次：會做事、會管理、會經營

5-3 管理與領導的區別

5-4 長期與短期要兼顧

5-5 用最快的速度做對事

5-6 數字管理的重要性

5-7 能解決問題的人

5-8 追根究底的人

5-9 上班族學習五法：聽、看、做、問、讀

5-1 「策略」就是想高、想遠、想深

一、做對的事

知名的城邦出版集團首席執行長何飛鵬認為：所謂策略，就是做對的事！企業經營做任何事，都需要策略思考，如果選擇做對的事，那麼一定是策略正確的事。

那什麼是對的事？對的事一定是效益極大化的事，投入最少、產出最大、方法最簡單；而且不只短期有效益，長遠看也是最正確的事。所以，對的事一定是符合策略，經過最嚴謹的策略思考！

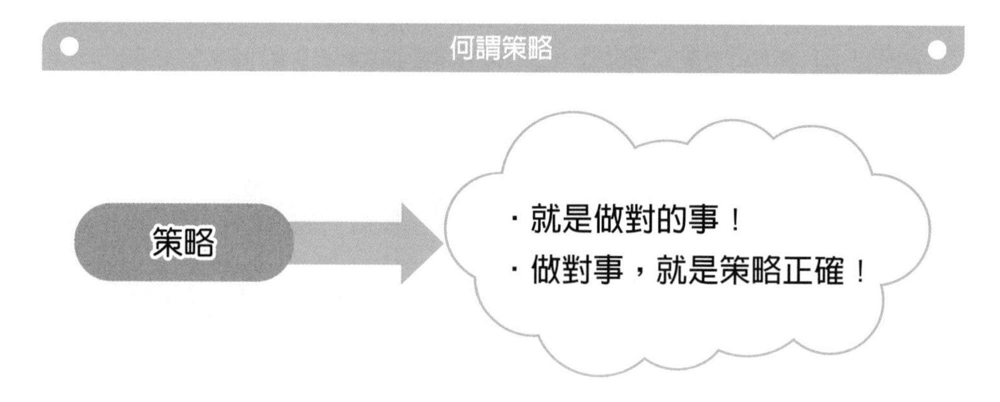

二、任何事一定要想高、想遠、想深

何飛鵬首席執行長認為：任何事一定要想高、想遠、想深，這六個字，就隱含了策略思考的全貌。

（一）想高

想高，就是做任何決策時，從高處綜覽全局。唯有登高，才能看到附近的所有東西，也才知道哪裡有出路可走。企業經營，不能只想到眼前的問題，更要拉高視野，從高處綜覽全局，也才能找到真正的出路及解方。因此，想高，是空間擴大的思考。

（二）想遠

想遠，是從想現在、想明天、想短期的未來，也想長期的未來；不只想短期利益，更要想長期的效益。我們要有能力預想未來，知道未來世界的變化。因此，想遠，是拉長時間的思考。

（三）想深

想深，就是要把問題想透，一直追究到問題背後的問題，想到最深、最根本的結構問題，然後尋求最徹底的解決，這就是策略思考。因此，想深，是追究問題的縱深思考。

總之，能選擇做對的事（策略正確），再把事情快速做對、做完（執行力），企業經營就無往不利了！

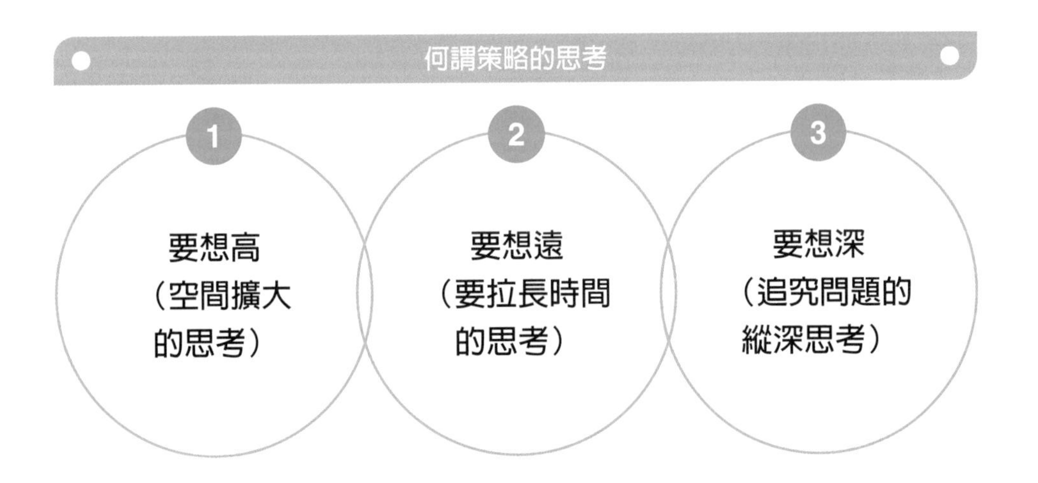

5-2 人才的三種層次：會做事、會管理、會經營

城邦集團首席執行長何飛鵬認為，組織中可以歸納為三種人才，如下：

一、會做事的人

組織中的人才，通常都是有各自專長、會做事的人，每個人都是從單一功能開始，做一件明確專業的事，例如研發、設計、生產、採購、行銷、業務、會計、人資、財務等，這是人才最基本的第一個層次，即會做事的人。

二、會管理的人

會做事的人，一旦成為幹練的工作者，組織常會賦予第二種人才，即升為單位或部門主管，這時候人才就進入第二種層次，即管理的人才。管理的人才必須帶領一群部屬，完成組織要求的工作。

管理的人才，其重要特質在管理，要帶人、要用人、要分工設職、要控制進度、要確保品質，更是完成組織交付的任務。當主管從一個會做事的人，再學會管理的技能，他就進入第二個層次，即管理的人才。

三、會經營的人才

會管理的人才，不見得會經營，所謂經營的人才，最重要的能力，即是對外尋找商機、能創造價值、能找出生意模式，也能為公司賺錢的人。

經營的人才，要具備四項特質：

1. 生意的眼光。
2. 突破困境的決心。
3. 找出新工作方法的執行力。
4. 具有創業者的個人特質。

在組織中，會管理的人才，通常能升到中階主管，但會經營的人才，則可以升到高階主管，參與公司最高決策，共同負責公司未來的成敗命運！

公司三種層次的人才

會做事的人才！
（基層人員）

會管理的人才！
（中階主管）

會經營的人才！
（高階主管）

經營人才四特質

01 要有生意的眼光！

02 要有突破困境的決心！

03 要找出新方法！新方向！

04 要具有創業家精神！

5-3 管理與領導的區別

一、管理

城邦首席執行長認為，主管帶領團隊、執行任務，有二種方式，一種是管理，另一種是領導。主管通常是從管理開始，只要有了頭銜、有了職位、有了權力，就可以下達指令，指揮團隊做事，團隊不能拒絕，只能照章辦事，這時候主管用的是管理。工作者面對管理，依據的是權力，依權力的指令做事，任何人只要做了主管，都會變成管理者。

主管帶領團隊做事，有二種

二、領導

領導則不同，領導是因個人的行事作為被認同；個人的理念、信仰被肯定，個人的能力被尊敬，因為這些，這個主管被團隊打從內心接受，願表心誠意追隨。面對領導者，團隊不只是表面服從，更是發自內心；不只是順服於職位、頭銜，更是追隨於個人。

真正的領導者，何飛鵬認為應具備五項特質，如下：

1. 令人尊敬的品格。
2. 值得信賴的能力。
3. 有共識的價值觀。
4. 無怨無悔的追隨。
5. 自動自發的投入。

領導的極致，是讓我們所帶領的一群人死心的追隨，不論遇到任何困難，都會想盡辦法、前仆後繼的完成任務。

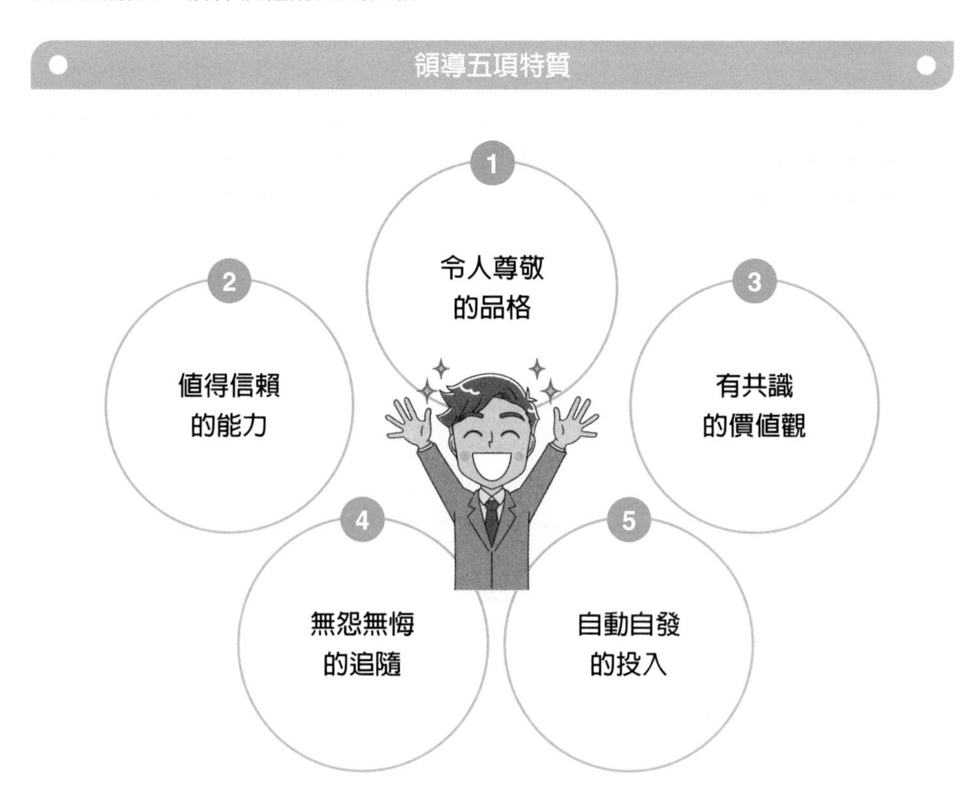

5-4 長期與短期要兼顧

一、當下與未來同時要兼顧

城邦首席執行長認為，當主管可以穩定的完成每一週例行的工作後，真正的好主管還要能看未來、想未來並規劃未來。

何飛鵬執行長表示：現在穩定的工作，可能在未來幾年後發生變化，生意可能變小，市場可能改變，競爭可能更激烈；此時，主管就必須未雨綢繆，這就是想未來的事。

他並表示：一個真正的好主管，不只是活在穩定的現在，還更要活在可能不穩定的未來，因此要仔細思考現有的生意模式，未來可能會發生質變，並預做準備。能預想未來，才能確保組織長期的穩定，這樣的主管，才是真正的好主管。

什麼才是好主管

⇓

- **能預想未來，並能確保組織長期穩定！**
- **在做今年的同時，也要為明年做準備！**

二、短期與長期：70%對30%

何飛鵬認為，最理想的方式就是70%的力量著重當下工作的完成，另外30%的力量，則要為未來未雨綢繆。

因此，主管必須要把握當下，完成現在的工作，也要想著明天、明年、三年，隨時要為未來做準備。時間及精力放在短期與長期的比例為70%對30%，這是不變的法則。

專注短期

占70%時間及精力

今年的預算及目標要達成

關注長期

占30%時間及精力

明年、三年後、五年後的變化及方向也要顧及與準備

· 才是最完整的經營面向！
· 確保短期與長期的成功營運！

5-5 用最快的速度做對事

一、唯快不破

何飛鵬首席執行長認為，這是一個速度決勝的時代，凡事先下手為強，而且還要先完成，先達到目的地，這才是速度決勝。尤其當一件事涉及市場競爭時，誰先推出市場就能搶占先機，那就更要講究速度了。

何飛鵬表示：速度已經成為現代企業經營的重要變數，因為產品的生命週期變快、變短，市場上也不斷出現新生事物，決策的速度要更快，工作的速度也要提升；選擇做對的事以及把事做對已經不夠，還要用最快的速度去完成對的事，才能趕上市場的變動與競爭。這世界早已是速度決勝，新產品上市，從二年變成一年，再變成六個月，這才趕得上市場的變動。每天都要想如何用更快的方法、更快的速度做對事！

二、四種型態組織快速度

從實務上來看，可以有四種快速度組織型態，如下：

1. 個人化快速度：可以委交一個快速度的優良員工，快速執行此案件。

2. 團隊化快速度：可以交待數名員工，要求快速執行此案件。

3. **跨部門專案小組**：更大型的案件，可能必須交代各部門抽調精英人才，要求快速執行此案件。

4. **全公司總動員**：若涉及特級重大事件，則必須要求全公司總動員加快完成此事件。

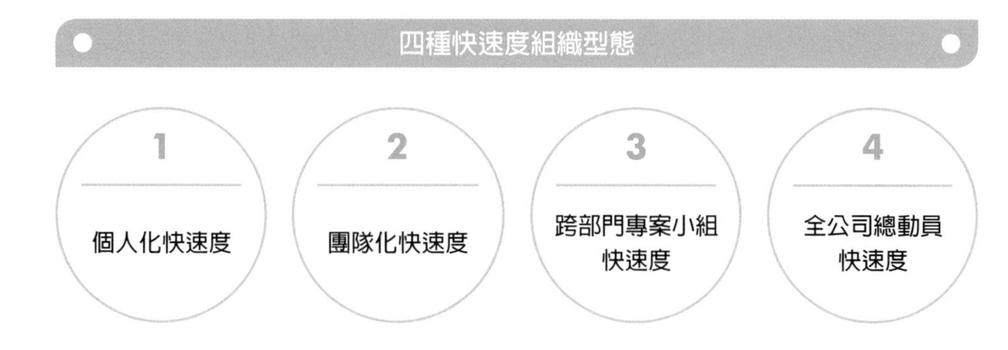

三、凡事不必求100分完美才行動

企業實務上，由於競爭時效問題、顧客需求問題，很多事情不必求到100分完美時才行動，只要能70、80分左右，就可以行動了。只要能夠邊做邊修、快速修正、快速更改，事情就會愈來愈好！很多時候，當準備到100分時，時機、商機已經過了，或被別人搶走了！

5-6 數字管理的重要性

一、要對數字敏感

何飛鵬首席執行長認為，擅長使用數字的人，做任何事都有更科學化的依據，也會更有效率。習慣用數字，就是習慣科學思考與科學方法。對數字敏感，可經由訓練，培養對數字的感覺，只要天天用、常常用，對數字就會愈來愈精準。

二、所有想像都要數字化

何飛鵬認為，任何的想像、任何的規劃、任何的決定，都需要先數字化，有了數字，才能進行具體的思考、分析及判斷。

要把想像數字化，第一個訓練就是要相信所有的東西都可以數字化，如果暫時找不到數字化的答案，就表示我們還沒有把事情想透，一定要持續分析、思考、推論，直到找出數字為止。

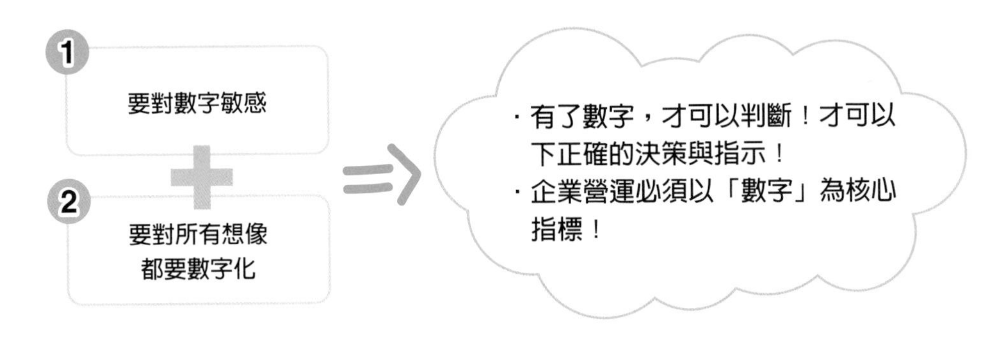

三、數字管理的種類

實務上，數字管理的種類，大概有以下六種：

（一）每月損益表

主要看每月是賺錢或虧錢，這也是老闆及高階主管每月要看的數字。

（二）每天營收（業績）

各單位人員，包括業務人員、行銷人員，每天要關心昨天業績狀況，是否達成基本目標數字。

（三）每週營運數字

每週要看哪些產品、哪些品牌賣得比較好，哪些通路、哪些地區、哪些賣場賣得比較好。

（四）每月成本及費用

每月也要注意成本及費用的數字變化如何。

（五）跟預算目標數字相比

每月也要做實際與預算二者相比較數字，以了解是否達成營收及獲利預算數字。

（六）跟去年同期比較

每季也要做今年各季與去年各季實際數字的比較分析。

數字管理的六種類

1 每月損益表數字

2 每天業績數字

3 每週營運數字

4 每月成本及費用數字

5 每月實際數字跟預算數字相比較

6 每季今年跟去年同期比較數字

5-7 能解決問題的人

一、成為組織中能解決問題的人才

大多數的工作者都會做事，組織每天都有做不完的例行公事；可是，若只完成例行公事，組織並不會有成長，也不會有傲人的成果。不過，如果組織能突破困難，提出創新，就可以邁向卓越，而帶領組織解決問題的人，就是最有價值的人。會做事只是工作者最基本的能力，如果想成為卓越的工作者，就要能解決問題。

如果遇到不景氣，業績大幅下降，不能解決問題的主管只會告訴公司，因為市場不景氣，如果你問他如何解決，他通常只會說更努力開發，還會說整個團隊都已全力以赴、辛苦異常，可是業績仍然沒有起色。

何飛鵬首席執行長認為，一個好的工作者，一定要培養出解決問題的能力，讓自己能處理危機、扭轉困境。成功的人，一定是能解決問題的人，所有的工作者都應學會解決問題的能力。

要努力成為組織中，能解決問題的人，才是公司最有價值與最有貢獻的人才！

二、解決問題的人才類型

實務上，談到解決問題的人才類型，主要有四大類：

（一）研發型尖端人才

企業解決問題中，最困難、最須突破的，即是技術研發型的尖端人才；一項重大技術的創新突破，可為公司帶來非常大的貢獻，這種人才，一人可抵萬人之價值！

（二）業務型人才

業務人員負責業績的開拓與達成任務，面對外部不景氣及高度競爭，業績可能面對困難，因此，亟需能夠突破業績困難的解決問題人才。

（三）財務型人才

公司在中小企業時候，經常需要強大資金奧援，因此，能夠找到具有解決財務資金的人才，也是實務上常見的。

（四）企劃型人才

公司在邁向大規模發展歷程中，常需要動腦的企劃型人才，為公司擘劃出未來成長及發展藍圖與願景，這也能為公司解決成長問題。

公司亟需四種能解決問題的人才

1 技術研發型尖端人才

2 業務型開拓人才

3 財務資金型取得人才

4 經營企劃擘劃高階人才

5-8 追根究底的人

城邦首席執行長何飛鵬認為，追根究底是一種思考方法，也是一種工作方式，用來尋找事實真相，也用來深究工作奧祕。每一件事情的背後，都有其發生的近因與遠因，如果不追根究底，無法知道事實真相。

一、台塑經營：追根究底（何飛鵬的理念源起）

台塑企業做任何事都要追根究底；要生產、開工廠、省成本、談採購、做管理，都要追根究底。只要追根究底，把所有根源都弄明白，自然就會找到最有效率、最好的方法去做。追根究底是把工作做到極致的方法，如果我們只滿足於一般水準，就不會再接再厲、追根究底。

追根究底的項目

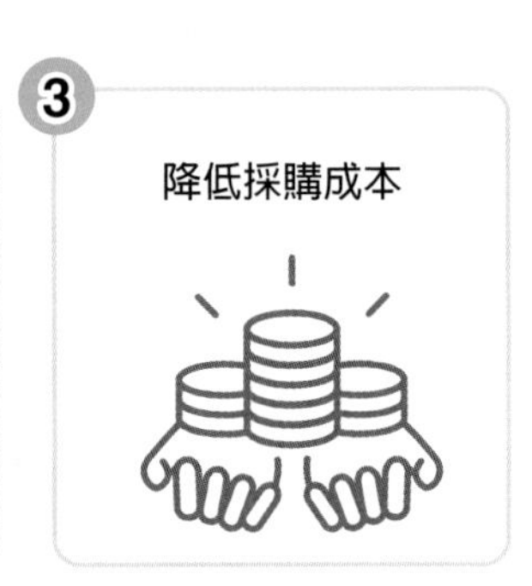

二、永遠相信：好還要更好

何飛鵬首席執行長認為，問題背後永遠還有問題，端看我們追尋真相的態度；如果我們不求甚解，就只會得到表面的答案。

用在學習上的追根究底，就是不滿足於現有的成就，要不斷追求更高的境界，最終我們會發覺永遠都可以更進步。在探索問題上，追根究底就是不斷展開問題。

5-9 上班族學習五法：聽、看、做、問、讀

一、人的一生，要不斷學習，永遠進步

學習是改變一個人最有效的方法。學習的方法很多，多聽、多看、多做、多問、多讀，都是促進學習的。

（一）多聽

我們要經常聽到別人的經驗，會遇到各式各樣的專家。多聽，只要記住別人所講有用的知識，我們就會有長進。

（二）多看

我們也要經常看到別人所做的事，或所做的簡報，觀察到別人的做事方法及要訣，這也值得學習。

（三）多做

我們每個人也會從事各種工作，實際下手去操作，做一事就會長一智，這就是「做中學」、「學中做」的意思。因此，不要怕事情多，事情做愈多，我們學到更多！

（四）多問

我們遇到不懂的、不是本行的知識，必須向懂的人提問，這是「問中學」；凡事要「不恥下問」，只要問了，就懂了；懂了，就更進步了。所以，要進步、要成長，就要多問。

（五）多讀

多讀書就最方便的，書店或網路有很多專業書、知識書、工具書，我們都可以用幾百元就可以買到，可以自我學習、自我看書、自我求成長、求知道更多。

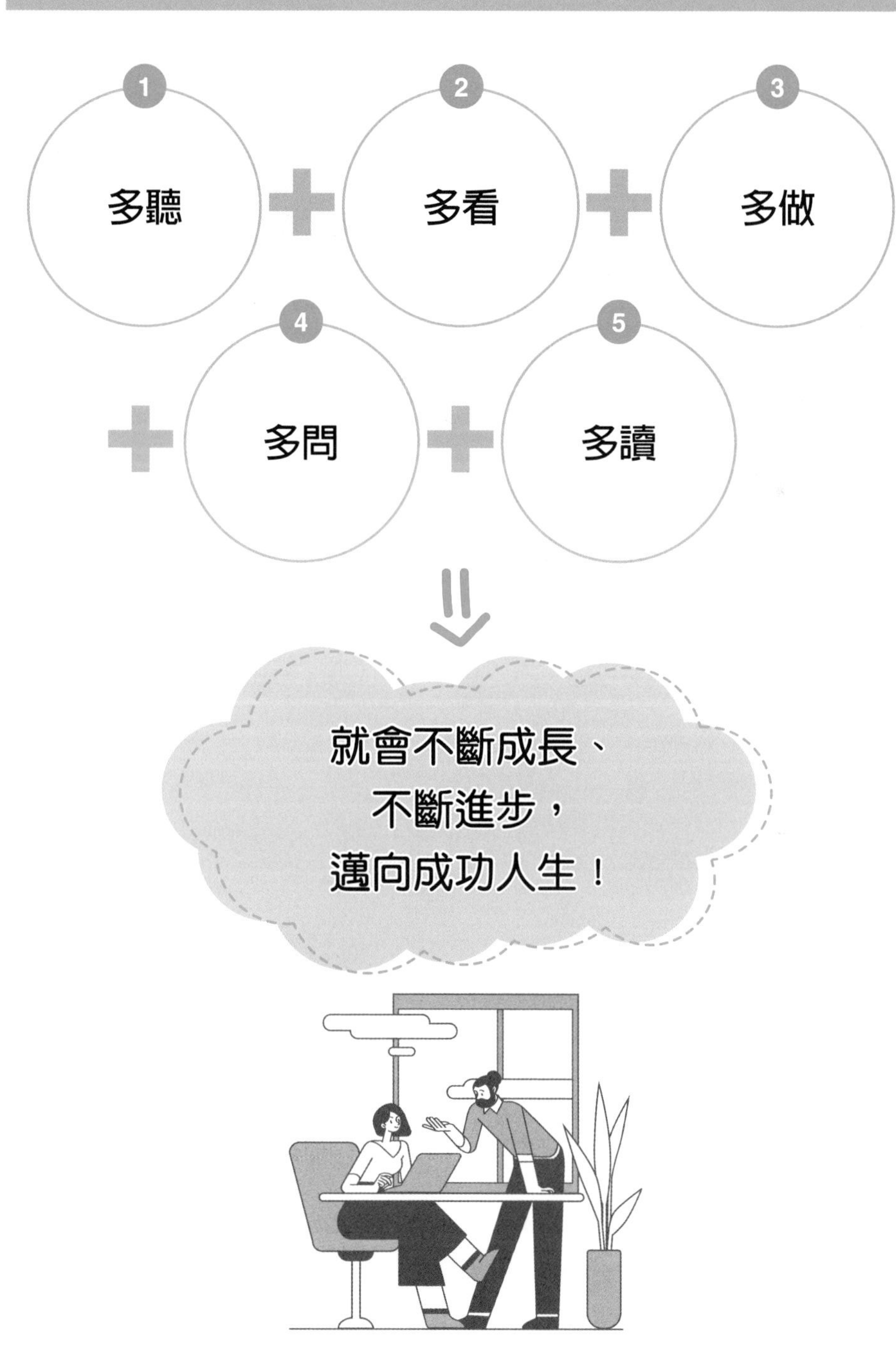
成功上班族，要做到五件學習
1
多聽
2
多看
3
多做
4
多問
5
多讀
就會不斷成長、
不斷進步，
邁向成功人生！

Chapter 6

第6位大師：日本7-11前董事長鈴木敏文

6-1 站在消費者的立場，貫徹對品質的堅持

鈴木敏文前董事長認為，不能因為賣得好就滿足了，一定要持續精進商品。必須站在消費者的立場，做出更高價值的商品，這件事沒有終點。

日本7-11重視試吃，甚至還有董事試吃會，包括鈴木敏文在內的董事們，在商品開發的過程中，自行試吃試做的商品，以確保產品的品質。

領導者的態度就像這樣，對商品品質毫不妥協，於是便造就了7-11的企業文化及組織習慣！

日本7-11：站在消費者立場

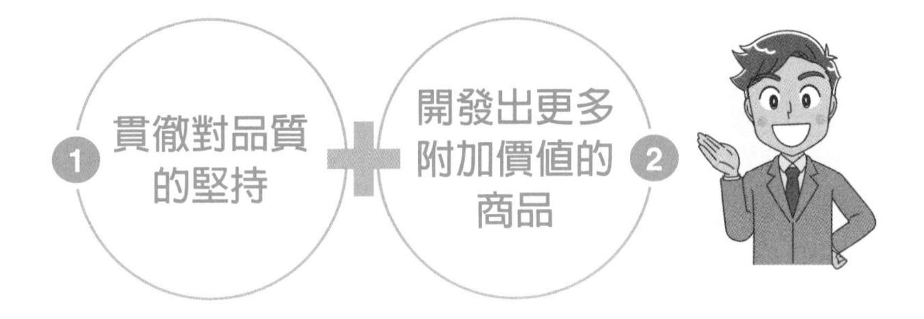

6-2 只要能對應變化，市場就不會飽和

日本媒體經常出現便利商店市場已經飽和的相關報導，但鈴木敏文前董事長，仍維持一貫的信念，那就是：縱使市場出現很大變化，但只要能對應變化，市場就不會飽和。

他還認為，只要能不斷提供顧客的驚喜感，就不會有飽和的狀況發生。他提出如下圖示七項的對應變化，作為全員努力的方向。

6-3 真正的對手，是變化無窮的顧客需求

鈴木敏文前董事長有一句名言，他說：「真正的競爭對手不是其他公司，而是變化無窮的顧客需求。」縱使覺得自家產品比別人的好，但如果客人不買單，那就只是自我滿足而已，而且客人都會離你遠去。

鈴木敏文又說：「能獲得顧客的支持，相對於其他公司就有競爭上的優勢；所以真正的競爭對手，是變化無窮的顧客需求。」必須將此前提隨時牢記在心。

真正的競爭對手，是⋯⋯

變化無窮的

顧客需求！

6-4 不斷改變，才能提供不變的滿足

鈴木敏文表示，如何維持得來不易的顧客忠誠度，因為顧客的期待會逐步增加；因此，賣方要提供超過顧客期待以上的價值，顧客才會感到滿足，而且這種期待度並非永久不變，而是會往上調整。因此，賣方要不斷改變，才能提供顧客不變的滿足！在做改變的時候，必須留意能否再多提供一些附加價值的、讓顧客意想不到的口味及服務。

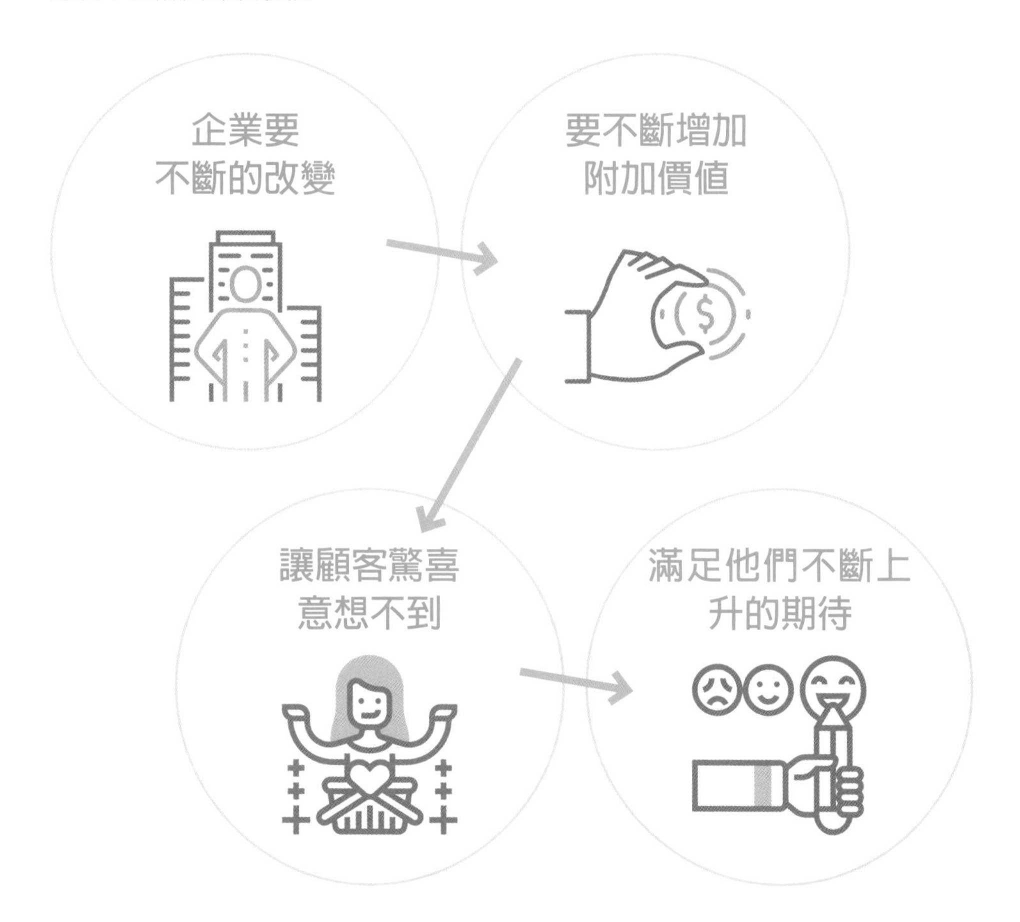

6-5 為顧客著想＋站在顧客立場

鈴木敏文前董事長認為行銷成功的核心點，就是：為顧客著想＋站在顧客立場。他表示，企業是為顧客而存在的，只要對顧客有利，我們就必須去做；即使會增加成本，但如果能因此做出讓顧客有共鳴的產品，最後的結果一定能確保收益。

因此，如何拚命努力的為顧客著想，配合顧客的需求做出正確的事，就是一件大事！

成功行銷的核心點

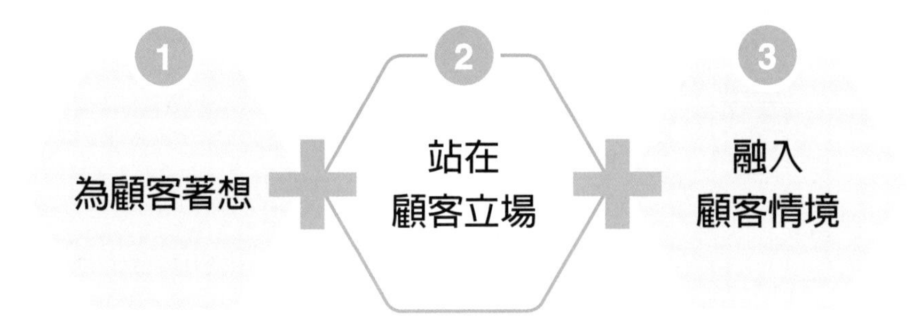

6-6 只有「因應變化」最重要

有一年，鈴木敏文前董事長訂下新一年的政策指針，就只有四個字：因應變化。他說，今年最重要的任務，就是因應變化！

他認為未來的挑戰，有下列五大變化，因此，要及早做好因應變化，這五大變化，如下：

1. 消費者在變化。
2. 競爭對手也在變化。
3. 外部大環境及市場更是在變化。
4. 異業也在變化。
5. 自己內部也在變化。

他表示，如何快速、有效的應對變化、解決變化及運用變化，將是未來最重要的工作任務！

面對未來五大變化

1 消費者變化
2 競爭對手變化
3 外部大環境及市場變化
4 異業變化
5 自己內部變化

日本7-11前董事長鈴木敏文管理金句

1. 公司地位：全球最大便利商店連鎖店，店數達2萬家，是臺灣7-11規模的3倍多。
2. 管理金句：

「貫徹對品質的堅持！開發出更多附加價值的商品！」
「只要能對應變化，市場就不會飽和！」
「真正的對手，是變化無窮的顧客需求！」
「要讓顧客不斷驚喜、意想不到！並超越他們的期待！」

Chapter 7

第7位大師：鼎泰豐董事長楊紀華

7-1 現場數據主義，從細節找出關鍵環節

楊紀華董事長在組織裡推動「讓數據說話」的風氣，希望讓數據分析就像每天需要呼吸一樣，變成一件很自然的事。

所謂現場數據主義，就是結合數據分析與現場觀察，找出真正的原因。只有在看見現場的細節還不夠，要能透過數據分析，更進一步找到解決問題的關鍵環節，進行控管，以保持穩定一致的好品質。

現場數據主義

1 讓數據說話

＋

2 力行現場數據主義

⇓

・發現問題！解決問題！
・確保穩定一致好品質！

7-2 高效能會議，提高組織行動力

楊紀華董事長為確保高效能會議，分為四種類型會議，訂定優先順序，在會議中有效解決問題，以提高組織的行動力。

一、第一種：每日視訊會議

週一到週五，各店與臺北總部連線，針對昨天的營運現場狀況，討論改善建議，達到知識交流、分享目的。

二、第二種：各店每週的品質檢討會議

由前後廚與餐飲組共同參與，每次約一小時，討論品質問題。

三、第三種：每月一次主管會議

由總部各部門主管與各店高階主管依序上臺簡報，屬於決策型會議。

四、第四種：全球發展會議

由各國經營團隊代表齊聚臺灣臺北總部，每年四月舉行。

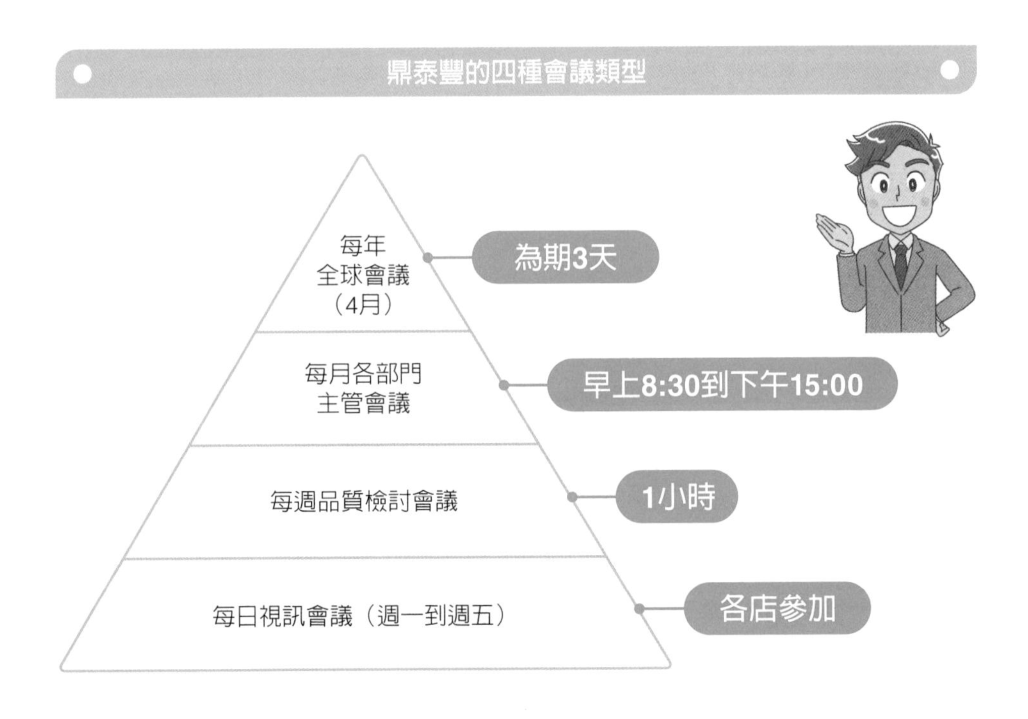

7-3 從員工日誌及數據報表中看出問題

鼎泰豐每人每天都要寫工作日誌，分享與客人互動、工作心得，或是改善建議。此工作日誌被列入個人晉升、獎金考核；總公司會有專人分工精選主管去審閱員工的工作日誌，並在每日視訊會議分享心得，以及討論員工的建議。

此工作日誌不是寫了就不管，董事長、高階主管均會認真看待基層員工的建議。

鼎泰豐是少見的極度重視數據思考的企業，他們常從數據中找出問題，根據此進行改善，以不斷提升團隊的服務品質！

1 員工工作日誌

2 數據報表

‧看出問題！
‧解決問題！
‧提供更佳服務品質！

Chapter 8

第8位大師：美國亞馬遜電商董事長貝佐斯

8-1 顧客至上！以顧客為念！把顧客放在利潤之前

貝佐斯很喜歡講一句話，「永遠都要緊緊掌握最顯而易見的事。」對亞馬遜而言，就是商品選擇性、到貨速度、降低價格，這樣時時以顧客為念，滿足顧客需求並且做出破壞式創新，正是亞馬遜成功的要件。

一、亞馬遜最終極的經營理念：以顧客為念

「亞馬遜要成為有史以來最以顧客為念的公司」、「顧客就是需要便宜、更多選擇、出貨迅速」，他列舉亞馬遜的三個目標。因此，貝佐斯去蓋了讓自己資產周轉率降低的倉庫。他說：「沒錯，這整個計畫看來都是沒有效率，但假如我們沒有做這些，就會有感到不滿意的客戶……。」貝佐斯無條件把顧客奉為上帝，才能不設限的做出破壞式創新。

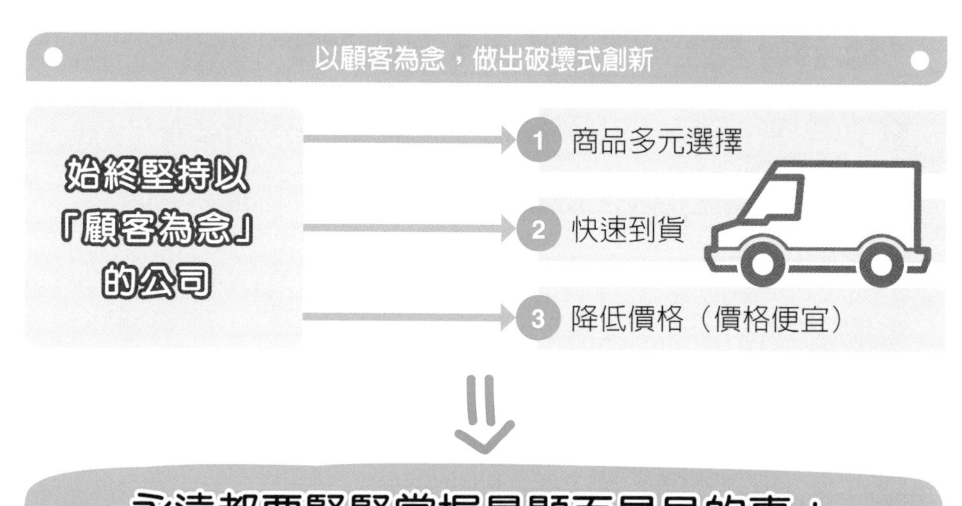

二、犧牲短利，讓超過七成顧客重複購買

貝佐斯累積投資上百億美元，建立IT資訊架構系統，亞馬遜因此擁有上億筆全球消費者資料，並可做Data-mining創造進入門檻。

貝佐斯說：「不應該害怕我們的競爭對手，而是害怕我們的顧客，因為顧客手上才有錢，競爭對手絕對不會給我們錢。」

貝佐斯犧牲短利，換來長期信任，讓亞馬遜擁有上億筆全球最完整的消費者資料。他知道消費者年齡、消費習慣、喜歡看什麼書、住在哪裡、信用卡號碼是多少……，當你上網登入亞馬遜時，這個公司已經準備好推薦給你的產品；這並非隨機，而是從你消費過的產品種類，以數億筆的消費者習慣去歸納分析而來。亞馬遜平均超過七成消費者重複購買率，並非憑空而來，這是其他人難以跨越的門檻。

建立並運用Data-mining，花費百億美元，建置IT資訊架構

貝佐斯的帝國裡，他用累積已投資上百億美元的資訊架構，精算消費者行為，「每一秒網頁延遲，就會造成1%的顧客活躍性降低」。「2010年，我們設定了452個具體目標，有360個目標將直接影響使用者體驗。」相信數據的貝佐斯，當年因為23倍的網路年成長率而投入，在經營過程中，每1%的顧客滿意度改善，就代表亞馬遜存入1%的未來競爭力。

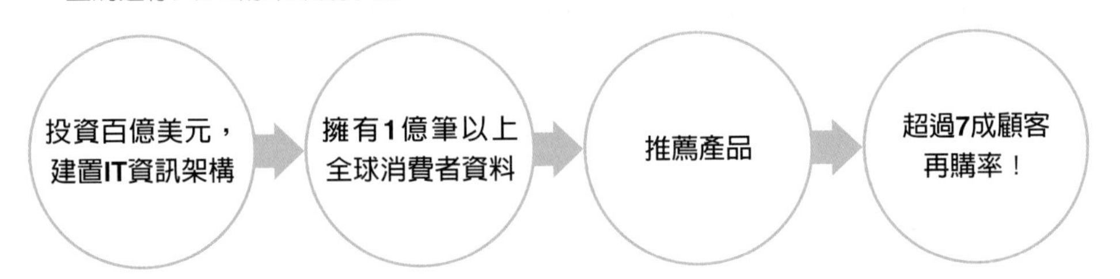

三、要把顧客放在利潤之前

貝佐斯表示，要好好服務顧客，利潤才有真正意義！否則，也只不過是財報上空轉的數字罷了！而品牌，則是代表顧客對你的信賴，貝佐斯說：「亞馬遜從第一天開始，就在經營品牌這件事。品牌，代表顧客對這家公司的信賴；直到今天，Amazon這個品牌至少值100億美金以上。」

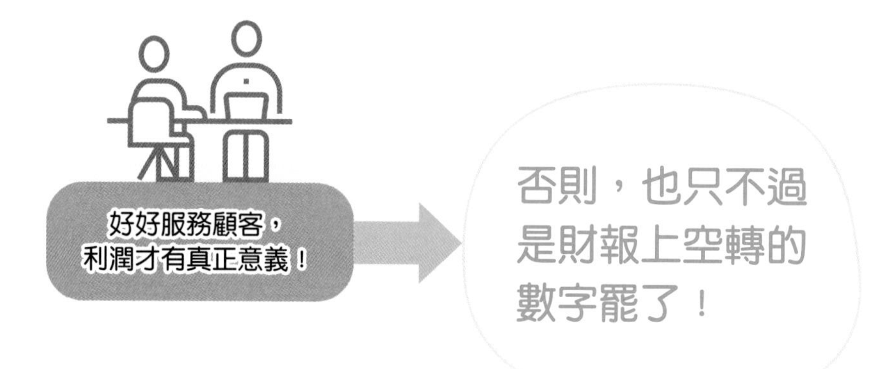

四、想要有創新，就要有破壞

亞馬遜企業文化中最了不起的長處，就是接受一項事實：想要有發明，就必須要破壞。許多既得利益者，大概都不會喜歡這件事。

亞馬遜的企業文化以開拓者自許，亞馬遜甚至連自己的事業都願意破壞。其他企業的文化不同，有時候並不願意這麼做。亞馬遜的任務，就是引領這樣的產業。

8-2 亞馬遜要做的是長期的事（採取長期思維）

你能想像貝佐斯在亞馬遜一年虧7億美元後，仍要花2.5億美元蓋倉庫的背後思維嗎？從貝佐斯名言：「It's all about long term！」，即能找到答案了！

一、瘋狂的CEO

2000年網路泡沫化後，亞馬遜的市值縮水到七分之一，投資人不滿的主因，是亞馬遜上市六年後，就已經虧損超過30億美元，近新臺幣千億元。更慘的是，就在1999年貝佐斯不顧反對聲浪，大手筆發行20億美元的債券，加蓋五座每個成本需要5,000萬美元的物流倉庫，當年亞馬遜虧損7億美元，而合計新建產能，亞馬遜只需要用到三成。貝佐斯回應：要創新，就要接受長期的誤解。

二、我們要做的是長期的事

貝佐斯讓華爾街感到，這是個瘋狂而不可的領導人，拿投資人的錢開玩笑。「我們要做的是長期的事。」在貝佐斯眼中，網際網路的革命才剛開始，他現在正迅速建立起帝國的經濟規模。直到2003年，亞馬遜在大家無預期下，全年轉虧為盈。貝佐斯與美國媒體、華爾街間的緊張關係，才逐漸放鬆。

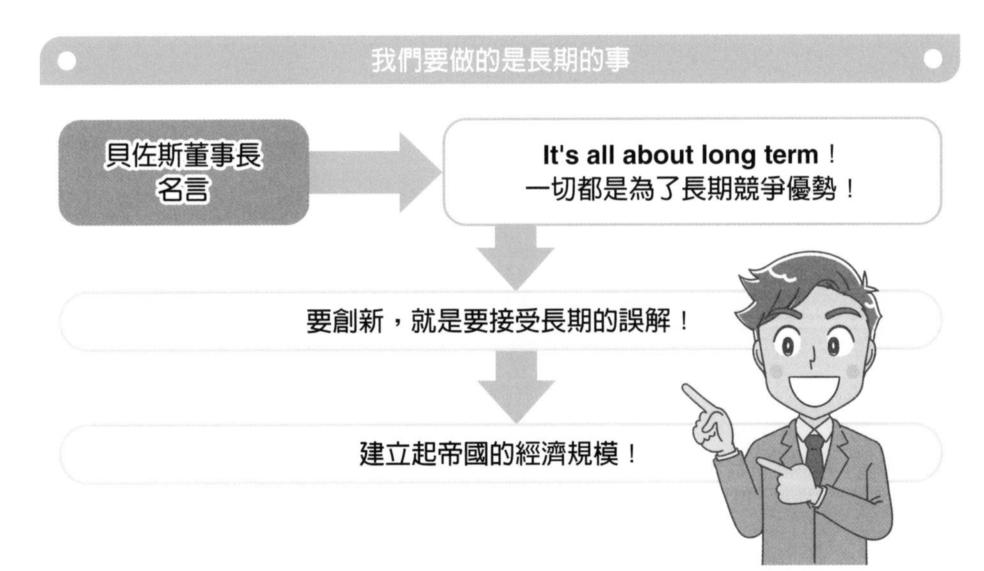

三、1997年股票上市後給股東的第一封公開信

信中的內容，是十七年來貝佐斯說過千遍的事。他說：「我們將為『強化長期市場領導地位』，做持續的長期投資決策，短期的獲利以及華爾街的反應，將不會進入我們的決策視野。」他說：「這只是網路的開始……這是亞馬遜的開始。」

亞馬遜從上市十五年來，在每一年的年報中，貝佐斯總會把這封信件附在最後。他告訴所有人，「我的想法，從來沒變過。」

今日的「電子商務帝國」傳奇。因為他「未忘」，在最困頓的時代，當我們瀕臨放棄，受不了他人誤解時，我們還可以告訴自己，再多堅持一點！再多一點！

四、一切都是從長遠來看

1997年貝佐斯發出的第一份股東信，標題是「一切都得從長遠來看」。如果你做的每件事都設定在三年期間內，你的競爭者就會很多。但如果你願意以七年為期，就只剩下一部分人和你競爭，因為很少有公司願意那麼做。只要拉長投資期，就能投注心力在一些你原本不會有機會去做的事情。亞馬遜喜歡以五到七年為期做事，很樂於播種，使之成長，而且在願景方面很堅持，在細節上面很彈性。

貝佐斯的高度：一切都是從長遠來看

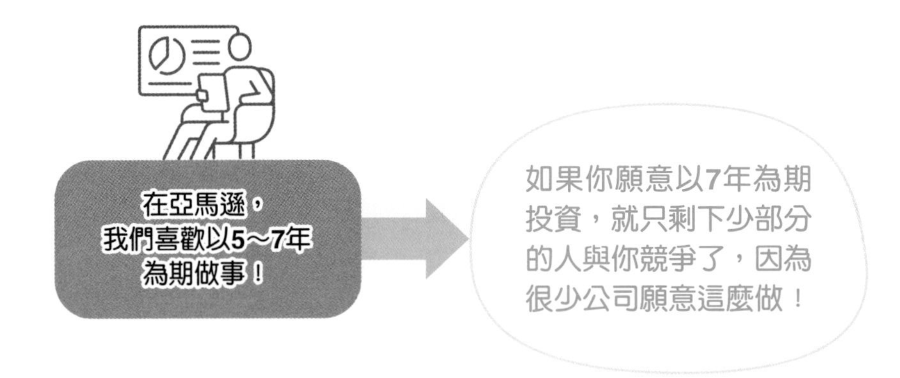

要強化長期市場領導地位，不應短視

短期獲利，將不會進入我們的決策視野

- **Amazon要的是長期市場的領導地位！**
- **這個想法，從創業至今25年，都沒有改變過！**

....

....

....

....

....

....

8-3 從亞馬遜學到的三堂經營管理課

一、想未來如何變化，根本白費力氣

很多人問未來會怎麼變？但很少人問未來五到十年有什麼不會改變？你用這些不變的東西為基礎，投入積極行動，十年後會有獲益。例如：你的競爭對手是誰？現有可運用有哪些？這些事情變化太快了，你也不得不迅速調整策略。反之，若投資長期的事，可以保證有所收成，而且不用隨環境起舞。貝佐斯雖然訂定目標，但在過程裡，卻不斷實驗調整，高度忍受不確定性，以達到「提供顧客多樣選擇、價格低廉及出貨迅速」的長期承諾。他的承諾是消費者需求的普世價值。

二、把「Why not？」當口頭禪

從亞馬遜賣書，到賣百貨、賣平板電腦，當出版商，最後變成賣服務的歷史來看，亞馬遜一點都不「堅守本業」。亞馬遜犯過最多錯就是「沒去做的錯」，意指，公司原應該注意到某些事，並採取行動，取得必要的技術及能力，然而卻沒有這麼做，結果讓機會溜走了。所以，他避免這一個遺憾的方式就是多問「為什麼不？」這也是避免下屬因為不想冒險，而直接否決創新機會的好方法。

三、不必管對手，掏錢的不是他

貝佐斯說：「在快速變化的環境中更有效。如果你是競爭者導向，當你的標竿分析都顯示你是最好的，難免就會懈怠下來。但如果你是顧客導向，就會一直力求進步……，這種策略好處多多。」

多問Why not？才能創新

Why not？為什麼不？

- 才會勇於創新！
- 才會有未來！

領導者，要有遠見

領導者

Visionary
要有遠見

- 才能選擇做出對的事！
- **Do the right thing**！

如果你是顧客導向，你就會力求進步

不必管競爭對手，掏錢的不是他

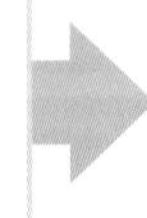

堅定顧客導向

你就不斷力求進步，並長期的領先競爭對手！

8-4 敢於革自己的命，對顧客永遠關注

亞馬遜是世界上最大最成功的網路零售公司，在電子商務還未成為主流風潮的1990年代，就已創立，而且因為貝佐斯預見這個風潮，勇敢提前布局。我認為亞馬遜最值得傳統零售業學習的，是對於顧客的全心關注。他的確把顧客服務經驗，當做最重要的事。

一開始，他只在線上賣書，可是從賣書經驗中，他挖掘到應該讓顧客在線上搜尋書裡內容；以及發展個人化的推薦系統，讓大家更知道哪些好書可以買？不必苦苦去網上到處搜尋。這些都是貝佐斯深刻觀察到顧客需求後，想盡辦法去解決，最後成功的例子。

貝佐斯有個公開的郵件信箱，他會親自看這些郵件，了解顧客抱怨，再轉寄給負責的員工，只加上一個問號要求改善。

他所從事的零售業，是通路，不會把商品當做主角，關注的是顧客忠誠度，而不是商品，會根據顧客的口味時時轉變，他必須持續地關注消費者。

如果你老把眼光放在競爭者身上，你只會跟隨競爭者的腳步做事；如果你把眼光放在顧客身上，才會讓你真正領先。

我在亞馬遜有三項事情，堅持了25年都沒有改變，這也是讓我們成功的主因：永遠把顧客放在第一位、創新與保持耐性。

我們會先確定顧客到底要什麼，再從顧客的需求展開工作。

Amazon對顧客永遠全心關注

1. 對顧客永遠全心關注！
2. 顧客服務經驗，當作最重要的事！
3. 深刻觀察到顧客需求後，想盡辦法去解決，直到成功為止！

哈佛商學院（Harvard Business School）企業管理講座教授羅伯特・賽門斯（Robert Simons）在〈選擇核心顧客〉（Choosing the Right Customer）一文指出，亞馬遜服務四類顧客：消費者、賣家、企業與內容提供者。

而從亞馬遜的願景——成為地表上最消費者導向的公司（Earth's most customer centric company），可以看出「消費者」是亞馬遜的頭號顧客。

以2005年推出的Amazon Prime為例，顧客只繳交年費79美元（2014年4月17日後調漲為99美元），就能享有免運費、兩天到貨的服務，不必再忍受每一筆訂單都要收取不等的運費與等待到貨的煎熬。Amazon Prime的效益在2008～2010年間發酵，亞馬遜股價逆勢成長3倍，業績成長30%。2022年調漲為139美元，除運費折扣，也包含串流影音服務。

貝佐斯在2008年致股東信中提到：「亞馬遜重視顧客需求（Working Backwards），更甚於追求自身的優勢技術（Skills-forward）」。這樣的主張看似無利可圖，卻帶來了忠誠顧客與股票價值。

《白地策略》作者馬克・強生（Mark Johnson）分析，亞馬遜之所以能在網路泡沫中倖存，主因是擁有可行和創新的商業模式，而且持續追求願景，無懼於「市場白地」（White Space，公司核心事業以外的未知領域），透過不斷地轉型追求成長。貝佐斯在2008年接受強生採訪表示：「如果想要繼續重振你提供給顧客的服務，就不能在擅長的部分停下來。你必須詢問你的顧客需要和想要什麼，然後，你最好開始擅長這些事，不論有多困難。」

永遠把眼光放在顧客身上

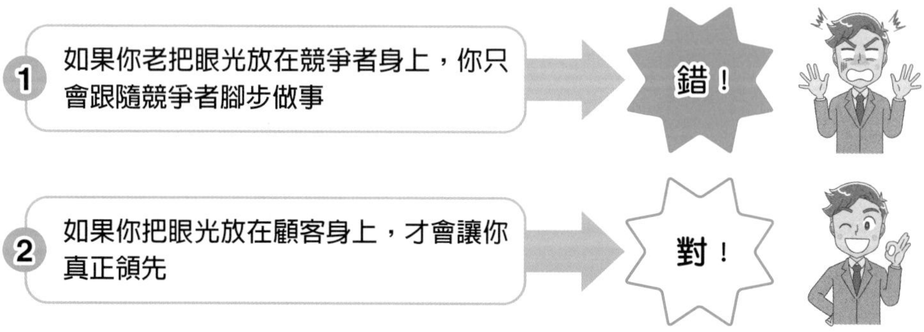

1. 如果你老把眼光放在競爭者身上，你只會跟隨競爭者腳步做事 → 錯！
2. 如果你把眼光放在顧客身上，才會讓你真正領先 → 對！

Amazon成功三大主因

1. 永遠把顧客放在第一位！
2. 創新！
3. 保持耐性！

8-5 重視數據，善用資料做決策

一、重視數據，具大數據思維

十二年前亞馬遜還是間苦苦掙扎的小公司，經歷許多挫折後，發現唯有創新才能生存。貝佐斯發現一個不可逆的趨勢。不這樣做，公司就會倒閉。

亞馬遜是個非常重視數據，善用資料做決策的企業，他們的資料就是追蹤顧客在網上的所有行為，用資料分析來關注顧客，數據說明了這個服務是顧客喜歡的，就會務實照做；否則就會明確改變。亞馬遜靠這些資料基礎，從一個單純的電子商務網站，進化成一間有大數據思維的科技公司。

二、深度創新，用新方法解難題

亞馬遜是很深刻地要求每個人創新，必須想大格局的策略，和企業價值深度連結在一起。當然，這必須要有完整配套，例如會議要怎麼開？亞馬遜最獨特的開會文化是要求大家寫至少六頁的報告，而且在開會時先默默讀完，再討論，這樣才會產生真正有深度的創新想法。同時，執行長也會時時要求員工，要用新方法解決手上的難題，或提高工作效率。這不是空談。亞馬遜所以能吸引這麼多有能耐創新的精英人才，就是因為他們知道要靠創新，才能滿足老闆的要求，許多景仰貝佐斯創新理念的人，就會願意前來效力。

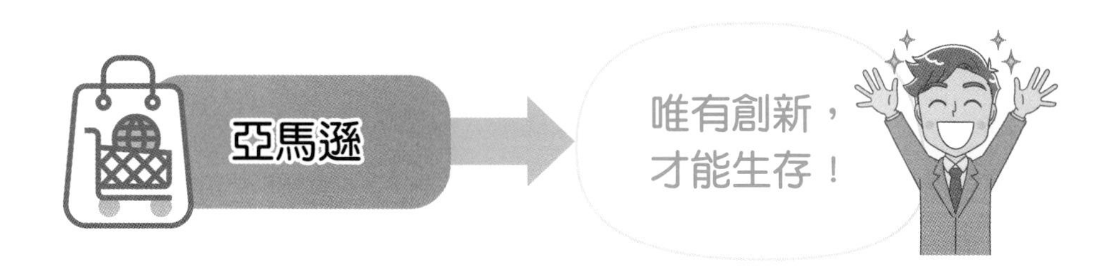

三、完美的顧客經驗，就是顧客不必跟我們說話

亞馬遜員工跟貝佐斯開會時，經常會見到一張空椅子。「這張空椅子上坐的是顧客，我們不能忘記顧客才是所有決策的最高指導者。」貝佐斯總是藉此不斷地提醒員工，「對顧客著了魔」（Customer Obsession） 才是亞馬遜最重要的精神。

為了徹底落實顧客服務的所有細節，亞馬遜打造出嚴謹的「指標文化」。根據《富比士》（Forbes）雜誌報導，在亞馬遜多達500項的量化指標中，80%都和顧客服務有關。貝佐斯希望公司的客服能夠精確到滿足所有人的需求，因此嚴密監控與分析消費數據，就算是再微小的數據變化，都會受到極大關注。例如：曾經有項指標顯示，只要亞馬遜的網頁資訊慢了「0.1秒」，用戶活躍度就會降低1%，貝佐斯便下令立刻改進。

「亞馬遜隨時隨地掌握幾件平凡的小事：速度快、更便利、價格低、選擇多。」基於這個方針，貝佐斯省下了行銷費用，專心經營顧客體驗：不但什麼都賣，還能「一鍵下單」，減少訂購阻力；設計不須撕扯，就能輕鬆打開的運送包裝；為了讓顧客更快收到商品，添置倉儲機器人，更計畫推出無人送貨服務機（Amazon Prime Air）快遞，下單後30分鐘到貨。此外，顧客甚至可以在亞馬遜網站張貼負面書評，貝佐斯說：「亞馬遜不是靠賣東西賺錢，而是協助顧客挑選他們想要買的東西。」可以說，亞馬遜不只給顧客「宗教式的承諾」，還提供了「奴僕般的服務」。

深度創新，用新方法解決難題

要求全體員工開會時提供至少6頁報告，才能進入會議室！

開會時，充分討論，運用新方法解決一切難題！

8-6 永遠保持「第一天」的心態

「第一天」（Day 1）究竟是什麼意思呢？很顯然的，貝佐斯認為它極其重要，他每年都會提到1997年致股東信，提醒股東，在亞馬遜永遠處於每一天。

貝佐斯的「第一天」有二點涵義：

1. 「第一天」代表了幫助亞馬遜達到現今境界的所有領導準則，它肯定並牢記他們的初始價值觀，以及他們堅持聚焦於滿足顧客的需求及取悅顧客。

2. 「第一天」是一種心態，不是一系列步驟或策略，亞馬遜以這種心態來做出所有決策；它的目的是讓公司所有員工聚焦於在每種狀況下做出正確的事。

貝佐斯在2016年致股東信上說：「你可以聚焦於競爭者，你可以聚焦於產品，你可以聚焦於技術，你可以聚焦於商業模式；但在我看來，全心全意聚焦於顧客最能保持『第一天』（Day 1）心態的活力。」

貝佐斯又說：「第二天（Day 2）意味著停滯、變得無足輕重，繼而衰退，最終就是死亡。這就是為什麼我總是強調要保持第一天（Day 1）心態的原因。」

亞馬遜：永遠保持第一天心態

永遠保持在第一天（Day 1）的心態

- **如果進入第二天（Day 2）就會衰退，最終就會死亡！**
- **永遠戰戰兢兢！**

8-7 聚焦於高標準

貝佐斯認為建立一個高標準文化所花費的工夫非常值得，而且有很多益處。此即高標準使你為顧客打造更好的產品與服務，光是這個理由已經夠了。另外，人們受到高標準吸引，也有助於招募與留住好人才。

貝佐斯認為當公司擴大規模時，投資於高標準絕非奢侈，而是必要，高標準是為了你的事業擴大規模所須做出的投資。

對你的人員及產品做出高標準投資，可以使你快速前進、擴大規模。快速且準確的工作者使你賣更多產品，認真細心的員工使你投入於修正錯誤的資源減少，高品質的組件降低退貨率、負評及客服需求。

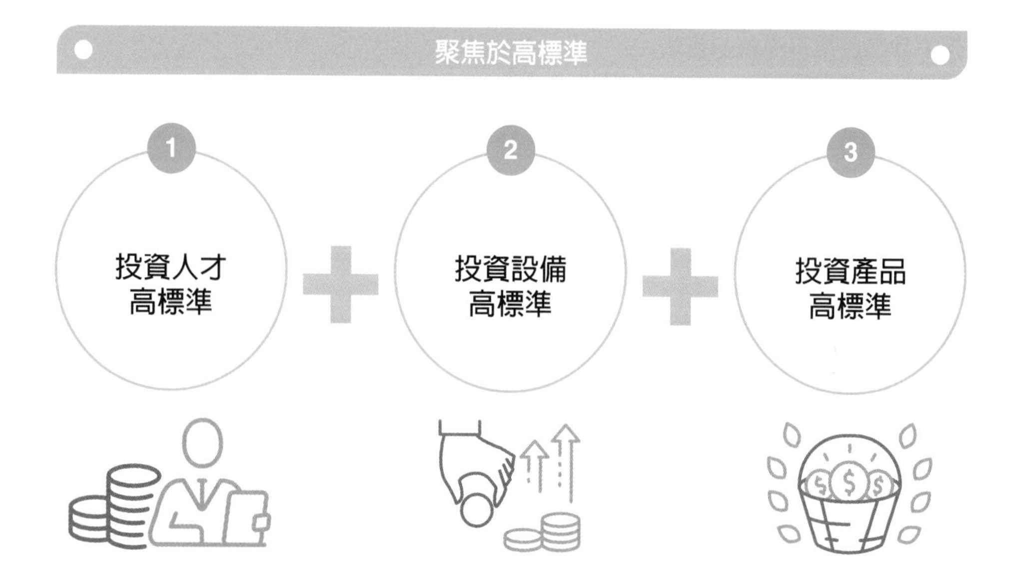

8-8 產生快速決策！崇尚行動

貝佐斯表示，在亞馬遜的高階團隊決心讓公司保持快速決策，在商界，速度很重要。許多企業非常浪費時間的領域之一是做決策，通常，公司規模愈大，做決策花費的時間也愈長。在現今快步調的商業經濟中，企業可沒有像早年那樣慢慢來做決策的空間了。

貝佐斯針對不贊成他決策的主管說：「我知道我們對這點有些歧見，但你願意跟我一起下注試試看嗎？不贊同，但執行下去。」

在亞馬遜，做出的決策不需要所有人都贊同，貝佐斯不要求全體一致同意，但強調決策一旦做出後，大家都必須全力以赴。

貝佐斯崇尚行動，他說：「在商界，速度很重要，不需要做大量廣泛的研究，我們重視有謀劃的冒險。」

貝佐斯：快速決策！趕快行動

1 快速決策 ＋ 趕快行動 2

⇓

・在商界，速度很重要！
・執行力很重要！
・快速決策，可以協助公司快速成長

Chapter 9

第9位大師：日本京瓷與日航董事長稻盛和夫

9-1 讓員工充滿幹勁的8個關鍵：經營者的角色

稻盛和夫董事長認為，要讓公司有所發展與成長，重要的是在於員工擁有和經營者相同的思考方式及熱情，並且拼命的為公司努力工作。如果只是經營者一個人在事業上多努力工作，其成果也屬有限。他表示：如何讓全體員工都有意願參與企業經營，且激發出每個人的鬥志，是一切企業經營的起點。

8個讓員工奮鬥的關鍵點

1. 要以事業夥伴的態度對待全體員工、看重員工
2. 要使經營者自己成為員工衷心崇拜的對象，永遠追隨這個人
3. 要闡述每個員工工作的意義及重要性
4. 要與員工共同擁有這個企業遠大的理想與抱負
5. 要讓員工了解公司的經營使命及目標
6. 要不厭其煩的闡述經營者的經營理念
7. 經營者要提升自我氣度及努力不懈
8. 經營者要與全員共享利潤分配

9-2 不安於現狀，要經常從事創造性的工作

稻盛和夫董事長認為，在職場中拼命做好上頭交辦的工作，是很重要的事。但光是這樣仍不足夠；在每天的工作中，應該思考「一直以來的作法，適切嗎？」不斷尋求更好的做事方法。對於交辦的工作，要持續改善與改良，今天要比昨天好，明天要比今天好。

稻盛和夫表示，不只是不滿足於現狀，更要不斷投注創意心思於新市場開拓及新產品開發等各種事情上，要果敢的去挑戰。

如果能有強烈意志，希望能經常創造新事物，即便專業知識不足，還是會找該領域的專家討論及請教，來拓展技術或事業的範圍。

因此，要使公司有所成長及進步，最基本的行動方針在於，不能老是安於現狀，而要「經常從事創造性的工作」。

9-3 領導者要站在最前面，不要把一切全部交給第一線

稻盛和夫表示，當他早年在擔任社長（總經理）時，在業務、開發、製造等方面，只要一有問題，都會自己在前面指揮，在客戶與第一線之間奔走。他一有空，就會到第一線去看看，造訪有問題的部門，傾全力解決問題。

雖然他把經營交給每個事業單位及利潤中心的主管，但他不是什麼都會丟給他們，他一面到第一線去協助解決，一面也鼓勵大家。

此外，身為最高經營者，他經常會思考未來要如何拓展公司，以及應該發展的方向，或是做出攸關公司整體的重大決策等。

他表示，看到最高經營者為了大家而負起重大責任的背影後，員工也會為了公司而努力拼命的工作，以負起應有責任。

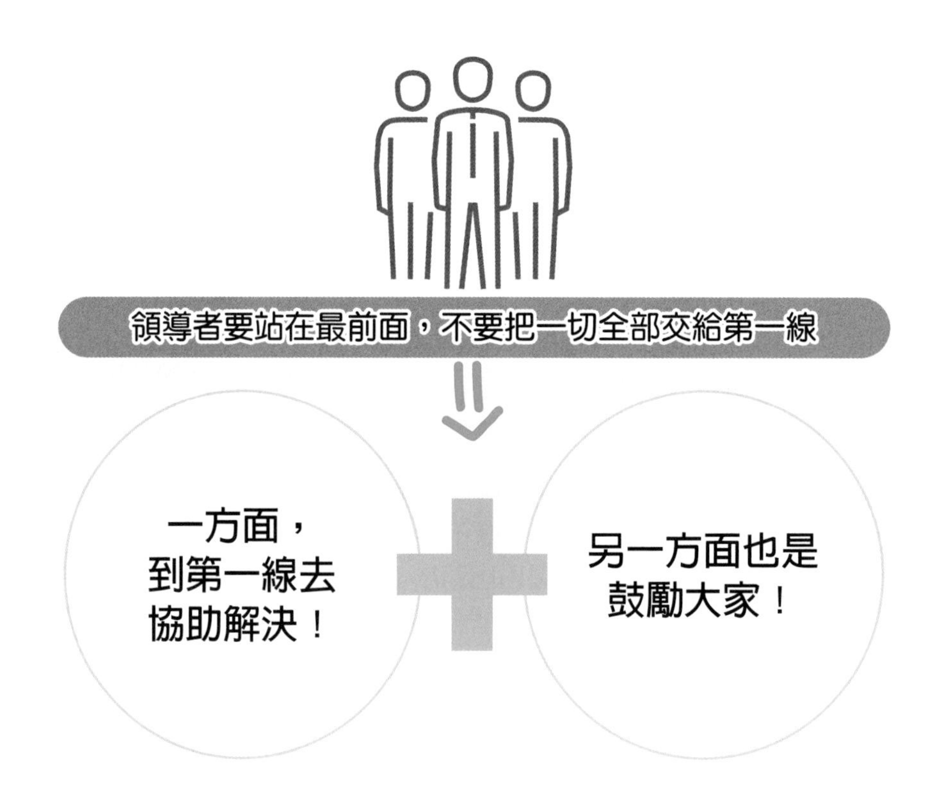

9-4 制定高遠目標，並全力做好每一天

稻盛和夫董事長認為，經營企業這種東西，如果訂的目標很低，只能得到不多的成果；要想大幅拓展業績，說什麼都必須訂定高遠的目標。

他說，當初經營京瓷公司時，就立志做到京都第一、然後是日本第一、再來是世界第一。結果，大家都因而傾全力朝高遠目標邁進。

另外，每個人每天都盡全力去做、去過，是很重要的。

他表示，所謂偉大的事業，只有一種方式能夠達成，就是一方面有著高遠的目標，另一方面又盡全力去做好每一天！

9-5 因應市場變化的靈活組織

稻盛和夫董事長認為，任何企業組織都必須能夠因應市場動向與變化，形成一個能夠臨機應變而有效率的組織體。

他表示，經營事業面對的是瞬息萬變的市場，組織體制如果無法因應其動向或變化，將會在市場中被淘汰掉，因此，他經常會重新打造組織。

此外，他也表示，只要你實際認真思考工作的事，有時候真的不得不朝令夕改。

他認為組織的更動，應該要在「朝令夕改也有必要」的前提下，隨時做好以動態方式發展事業的心理準備。他說，組織不能太過僵化，必須打造此刻能作戰的組織體制！

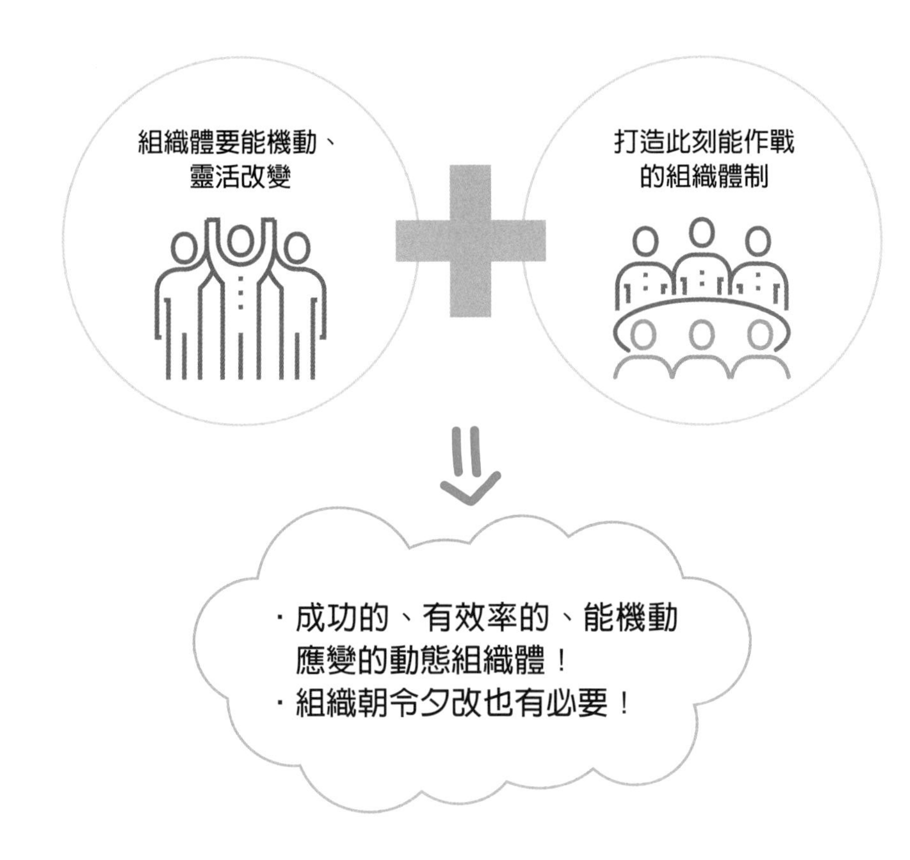

9-6 由有實力的人，擔任各部門主管

稻盛和夫認為，在組織營運上，有一件重要的事，那就是要讓真正有實力的人，長久待在組織。如果出於溫情主義或年資主義，讓沒有實力的人，只因為年長理由，就成為主管，企業經營馬上會停滯不前。他說，他領導的公司，一向以「實力主義」為最高原則。

所謂的實力主義，就是一種不拘泥於年齡或學經歷等因素，拔擢真正有實力的人，分派他到有責任的職任上，由他帶領事業部或公司走向繁榮。

他表示，實力主義才是企業發展的基礎，也才能為全體員工帶來豐碩的獲利成長。

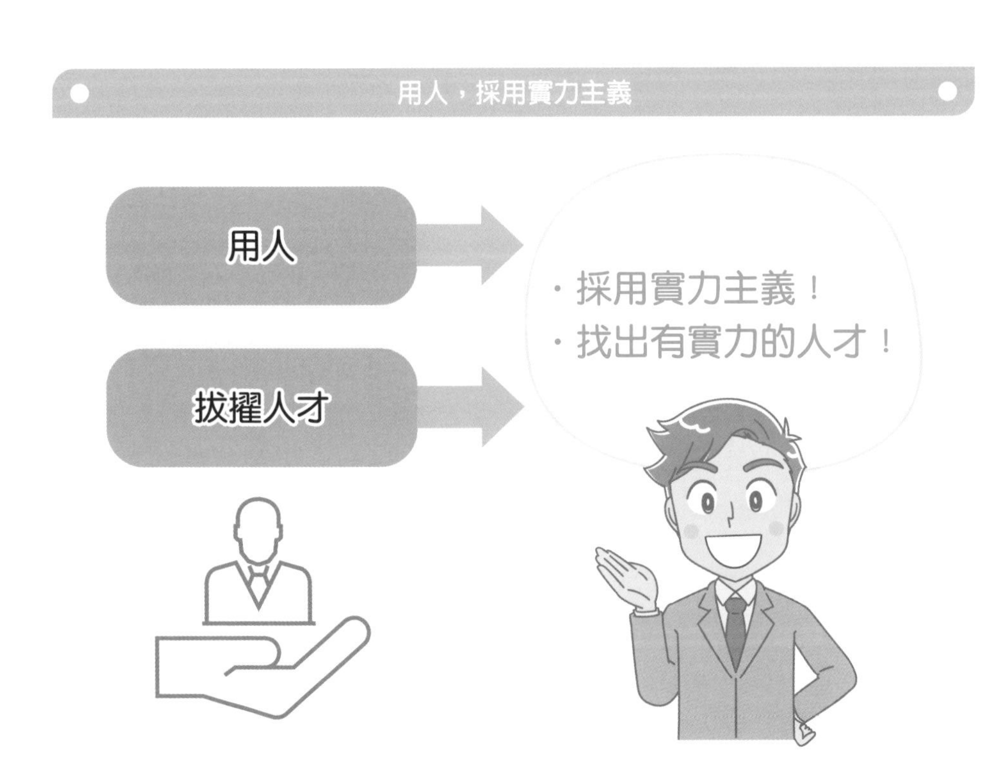

9-7 把組織細分為事業組成單位（利潤中心制度）

稻盛和夫董事長認為，必須把一個大組織細分為很多個事業組成單位，亦即採取多個利潤中心制度。他表示，多個利潤中心制度可帶來的好處及優點，如下：

1. 可以塑造良性的組織競爭氣候。
2. 可以發掘及培養更多優秀的年輕幹部人才團隊。
3. 可以提升營收及獲利的整體性成長及擴張。
4. 可以分散事業的經營風險。
5. 可以更加明確組織的權責在哪裡。
6. 可以避免大組織的僵化、不知應變。

他所負責的京瓷集團企業，都是採取利潤中心制度，對於能夠創造更多利潤的單位，就發給更多的獎金鼓勵。

主張採用利潤中心制度

1	可以塑造良性的組織競爭氣候	4	可以分散事業的經營風險
2	可以發掘及培養更多優秀的年輕幹部人才團隊	5	可以更加明確組織的權責在哪裡
3	可以提高營收及獲利的整體性成長	6	可以避免大組織的僵化、不知應變

9-8 實現全員參與管理

稻盛和夫董事長主張，如果公司成為一個像大家族一樣的命運共同體，經營者與全體員工像家人一樣，互想理解、彼此勉勵、相互合作，大家一起為經營公司而努力，讓更多員工共同攜手參與經營公司。

他表示：全體員工為了公司的發展同心協力、參與管理，帶著生存意義與成就感工作的「全員參與管理」，就實現了。

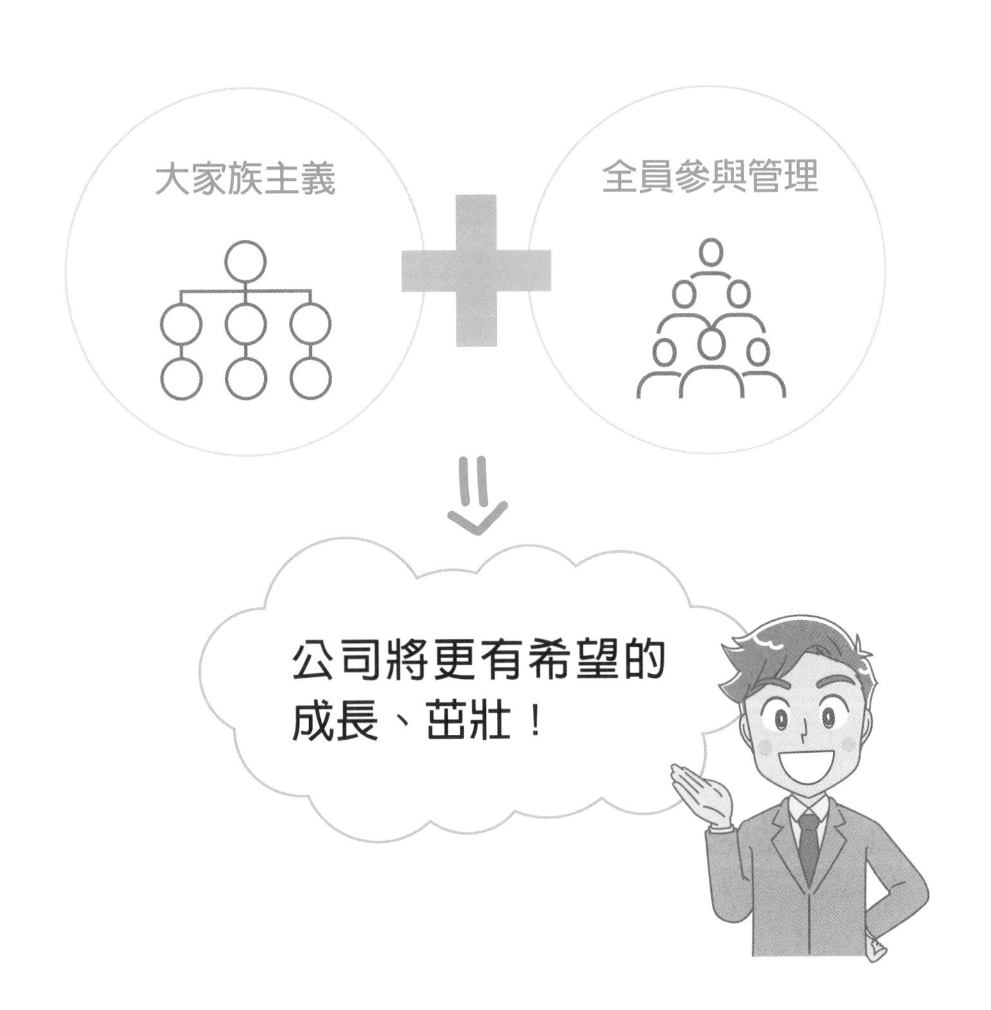

9-9 帶著完成預定目標的強烈意志執行力

稻盛和夫董事長堅持各級主管，必須要有「擬定的預定目標，說什麼都要達成」的強烈意志力。

他表示身為各部門經營者及各利潤中心主管，必須每天察看實際成果，如果有什麼問題，都要立刻採取對策。重要的是，各單位主管要以「說什麼都要達成預定目標」的強烈意志鼓勵部屬，全體團結一致，一直努力到每月底最後一天的結帳時間為止。

9-10 每月損益檢討及每天營運數字檢討

稻盛和夫董事長主張，利潤中心單位每月必須進行損益表的檢討，檢討每個月是否賺錢？賺多少錢？多少比例？實績跟預定的比較又如何？今年跟去年的比較又如何？一定要深入檢討才行，並且從檢討中，才能得出未來改善之應對策略與計劃。

此外，對於每天營運數字的狀況，也要給予應有的關心，若是每天實績與原先預定的差異太大，就要馬上密集檢討、找出原因、訂定對策、快速改善才行。

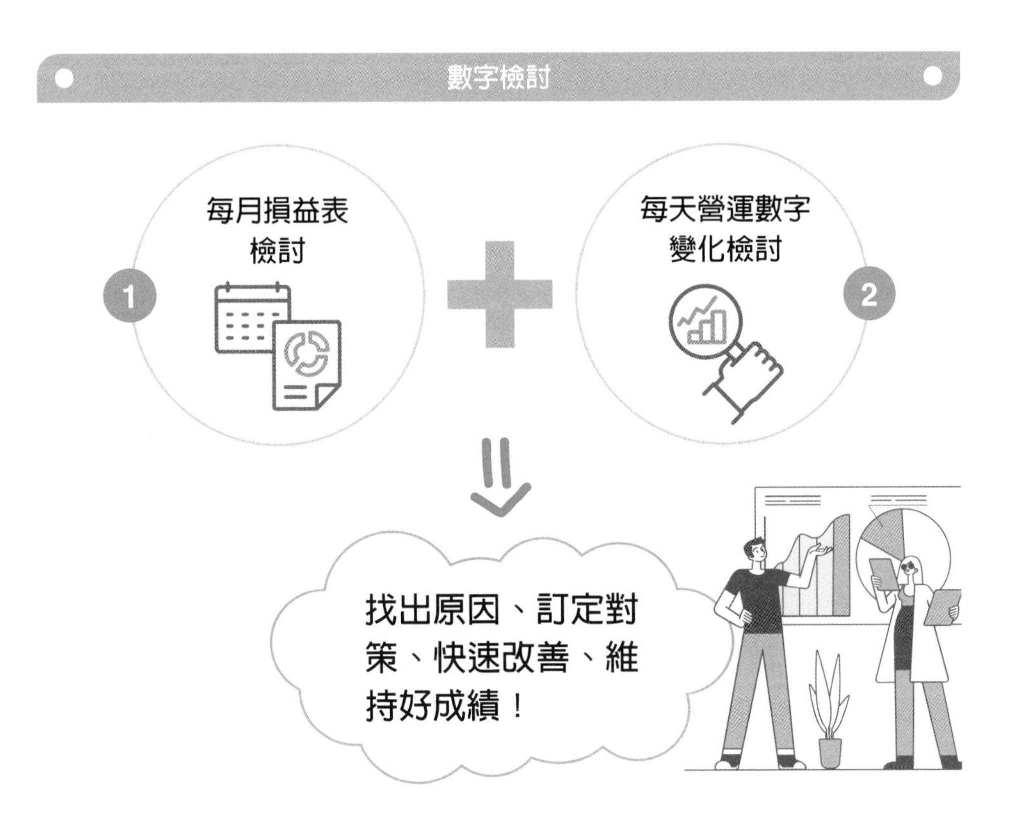

9-11 讓每一個利潤中心單位都能變強

稻盛和夫董事長認為，公司不只是成立利潤中心單位就好了，重要的是公司也要努力把每個BU（Business Unit，利潤中心）都變強大才行，不能有些很好，有些則很弱，這樣對公司整體營收及利潤也沒有太大助益。只要各個BU強大了、都賺錢了，公司也才會更賺錢。

因此，稻盛和夫主張要及時、快速協助比較弱的BU，支援他們的需求，給他們激勵人心的關心，調整他們的組織配置等。

9-12 不贊成100%的成果主義

稻盛和夫董事長對企業的經營是採取「實力主義」，但歐美企業則是採取「成果主義」，他表示他個人是反對差距太大的100%成果主義的。

他說，過度的採用「成果主義」會使組織形成兩股氣氛：成果好的，拿到很多獎金及升遷；成果不理想的，則什麼都沒拿到，心裡面一定會有怨氣及不平的。這樣對組織文化及組織氣氛也未必是好的。

所以，他是主張「適度」的成果主義，而非「100%失衡」的成果主義。這樣是最適合日本的民族性。

Chapter 10

第10位大師：日本無印良品前董事長松井忠三

10-1 無印良品為何是一家讓員工想要一直待下去的公司

10-2 日本無印良品推行「終身僱用＋實力主義」制度

10-3 無印良品適才適所的五格分級表

10-4 運用成員力量，組成最強團隊

10-5 無印良品透過不斷輪調，培育人才的五個理由

10-6 好制度，讓工作事半功倍

10-7 策略二流無妨，只要執行力一流就行

10-8 根據「顧客意見」打造暢銷商品

10-1 無印良品為何是一家讓員工想要一直待下去的公司

無印良品在日本票選「最想打工的品牌企業」活動中榮登第二名。

無印良品總公司員工的離職率，在最近五年內都維持在5%以下，相較於日本批發業及零售業平均離職率14%，算是低很多。

一、以人為本，才能雙贏成長

日本無印良品在前會長松井忠三的引導變革之下，一脫過去的框架，從「以人為本」的角度，重新定義公司與夥伴的關係，視夥伴為「資本」，展開育才與選才的業務規劃與實踐。在無印良品，不僅是培育人才，而且是「培育人」。

該公司從不認為員工是公司的資源，反而認為他們是資本。假如用「人才」來描述，會給人一種「員工純粹只是材料」的感覺，利用他們來賺錢而已，一旦消耗殆盡，就再換一批新的進來。但如果公司把員工當成是資本，他們就會變成經營事業不可或缺的寶貴泉源。公司就非得好好照顧他們、好好保護他們不可。

創造低離職率的五大要素

二、讓員工一直待下去的主要原因

1. 很多人是因為喜歡無印良品這個品牌而進入公司：很多員工非常熱愛這個品牌，因為他們對無印良品那些簡約又實用的商品愛不釋手，所以也會對自己的工作感到自豪。
2. 無印良品會從內部覓才，將悉心培育出來的人起用為正職員工：關於內部覓才，就是從分店挑選出有能力的打工者，並起用為正職員工的一種制度。這些成為內部覓才對象的員工，不折不扣就是「生在無印，長在無印」，全身上下裡外，都深深印著無印良品的哲學與理念。
3. 無印良品認真打造一個讓員工感覺值得在此工作的職場：無印良品致力推行「終身僱用＋實力主義」制度，若保證終身僱用，員工就會安心工作。
4. 總結來說，無印良品認為「讓人成長的公司，就叫做好公司」！
5. 無印良品創造低離職率的育才法則公式就是：內部覓才×職務輪調×終身僱用×讓人成長。

日本無印良品讓員工一直待下去的主要原因

1 非常熱愛這個品牌

2 從內部提拔人才，很少空降

3 終身僱用制度

10-2 日本無印良品推行「終身僱用＋實力主義」制度

一、提供員工一個能夠安心工作到退休為止的環境

無印良品追求終身僱用制度，聽到這件事，或許有人會產生誤解，以為無印良品是個抱殘守缺的組織。正確來說，無印良品公司追求的是「建立足以精準評鑑員工實力的制度，並藉由終身僱用，為員工創造一個能確保生活穩定的環境。」無印良品認為，提供員工一個能夠安安心心工作到退休為止的環境，是很重要的。假如做不到這一點，恐怕無法培養員工對工作的熱情，以及熱愛公司的精神。薪資也是一樣，如果缺少一個或多或少調漲一些的機制，畢竟還是難以讓員工產生很值得在這裡工作的想法。

根據日本市場一份問卷調查，支持終身僱用的人所占比例，創下有史以來的最高紀錄，達到87%，約有九成上班族，都希望在目前服務的企業中持續工作到退休為止。

推行「終身僱用＋實力主義」制度

1 終身僱用 ＋ 實力主義 2

⇓

為員工創造一個確保生活穩定的環境、不想離職的優良公司！

二、歐美式的「完全成果主義」，並不適用於日本

無印良品認為，由於日本都是靠團隊合作完成工作，不適合實施這種「和隔壁同事互為敵手」的成果主義。歐美原來就以個人主義為常態，實施完全成果主義的成效自然就會很好。

其實，過去無印良品也曾一度導入成果主義，但卻失敗了。因為同事之間激烈的成果主義，卻會削弱對企業來說最為重要的「一起做事」與「彼此合作」等力量。無印良品想要打造的，是一個透過團隊合作共同創造業績，大家彼此互助的環境。

於是，無印良品建立了一個既保有協調性，又能好好評鑑個人實力的制度。無印良品雖然實施終身僱用，卻不是依年資敘薪；雖然看重個人實力，卻不是歐美式的極端成果主義。無印良品的僱用體制，就是想打造出讓員工不想離職的優良公司！

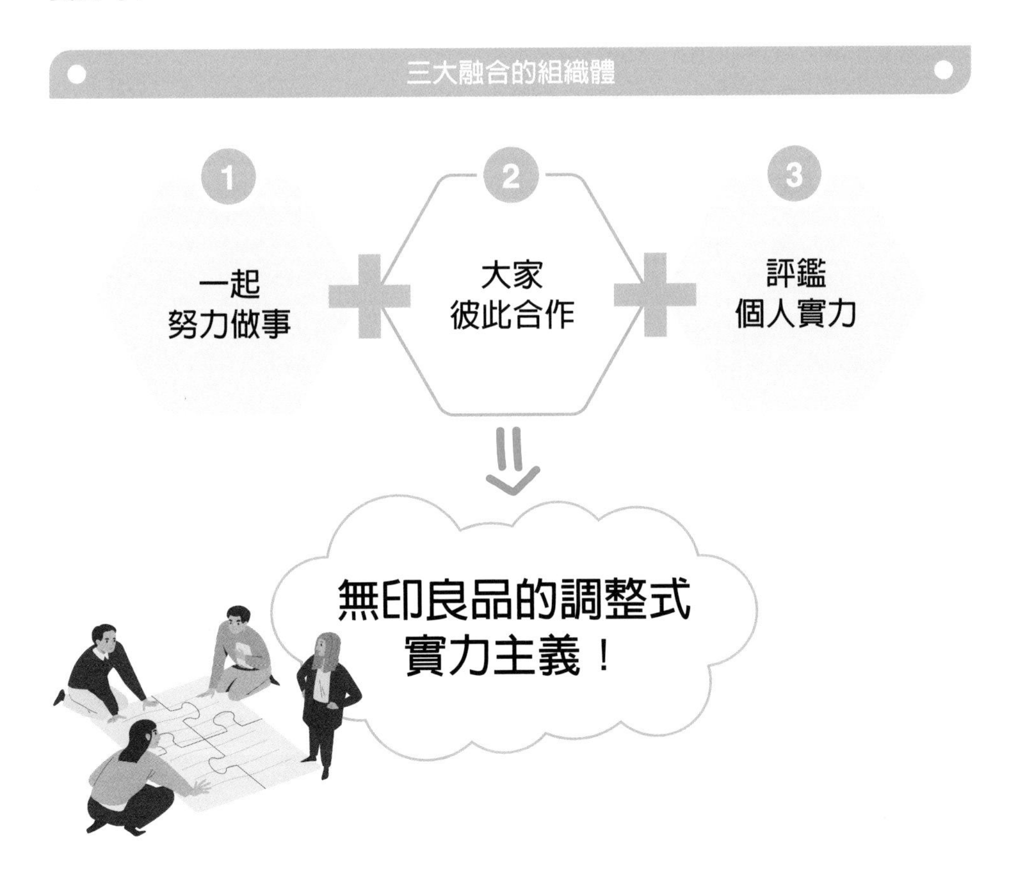

10-3 無印良品適才適所的五格分級表

無印良品人才委員會在挑選接班人的候補人選時，會使用的其中一種工具，就是「五格分級表」。

一、五種人才的區分

只要是無印良品課長以上的人才，都是候補人選，都要劃分到五格之中，列出名字。如下圖所示，五格分級表，總共分為五格：

Ⅰ. 關鍵人才庫：明日領導人

Ⅱ. 高績效員工

Ⅲ. 嶄露頭角的人才：次世代

Ⅳ. 主力成員：表現穩定的員工

Ⅴ. 差評：協助改善或予以輪調

實現適才適所的「五格分級表」

1. 績效 \ 2. 潛力	及格	高
高	Ⅱ. 高績效員工 ・10%～15%	Ⅰ. 關鍵人才庫 ・明日領導人 ・5%～10%
及格	Ⅳ. 主力成員 ・表現穩定的員工 ・50%～70%	Ⅲ. 嶄露頭角的人才 ・次世代 ・10%～15%
	Ⅴ. 差評 ・協助改善或予以輪調	

二、各級人才的說明

Ⅰ.「關鍵人才庫」，指的是個人實力已經高到足以隨時成為高階領導者的人才，員工只要有10%進入Ⅰ，就算是不錯了。

Ⅱ.「高績效員工」，指的是創造出色的績效，能夠在副總經理級一職上充分發揮本事，但是要進入Ⅰ當最高階領導幹部卻又有點不足的人。

Ⅲ.「嶄露頭角的人才」，列在這一格的人，會是未來的高階幹部候補人選，他們有機會進入Ⅰ，且絕大多數都當了經理。他們或許現在還年輕，但若能以經理身分創造出色績效，加上公司培育又很順利的話，就可以期待他們成為協理、總監、副總經理，乃至於總經理之職。

Ⅳ.「主力成員」，就是指安安分分做事的人才。人才有60%都屬於這一類。

Ⅴ.「差評」，指的是領導能力與工作能力都差強人意，未能有所發揮的員工。

人才委員會每半年召開一次，因為公司對於人才的需求，會配合社會環境的變化，也跟著無時無刻在變化，再者，員工本身的需求，也同樣無時無刻在變化。

五等級人才圖示

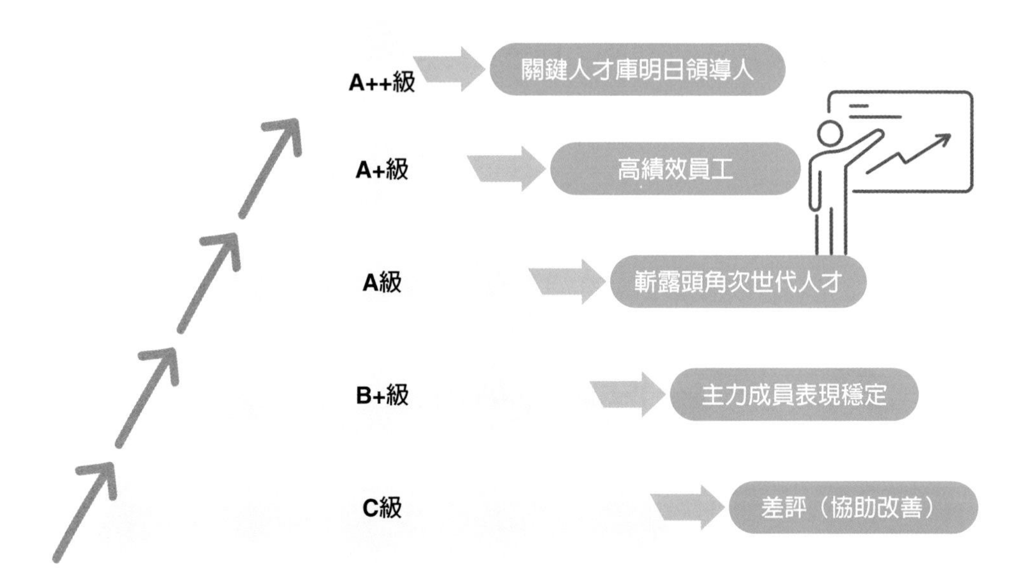

10-4 運用成員力量，組成最強團隊

一、無印良品有團隊，但沒有派系

無印良品基本上都是團隊的形式在運行，雖有團隊，但卻沒有派系。過去，雖然也有派系存在，但在公司大膽推行輪調後，堅守特定人物或立場的作法，似乎已經失去意義。另外一個派系無法形成的原因，就是「業務標準化」，此致使無論哪個人、在哪個時間點到哪個部門去，做的事都跟前人一模一樣。由於無印良品會讓員工輪流到不同部門去親身體驗，自然就會把每個部門都很重要的想法，深植於他們心中。

團隊合作之所以能在無印良品發揮功能，原因在於每一位員工都擁有相同的目標。這個目標就是讓無印良品這個品牌能夠繼續存在下去。

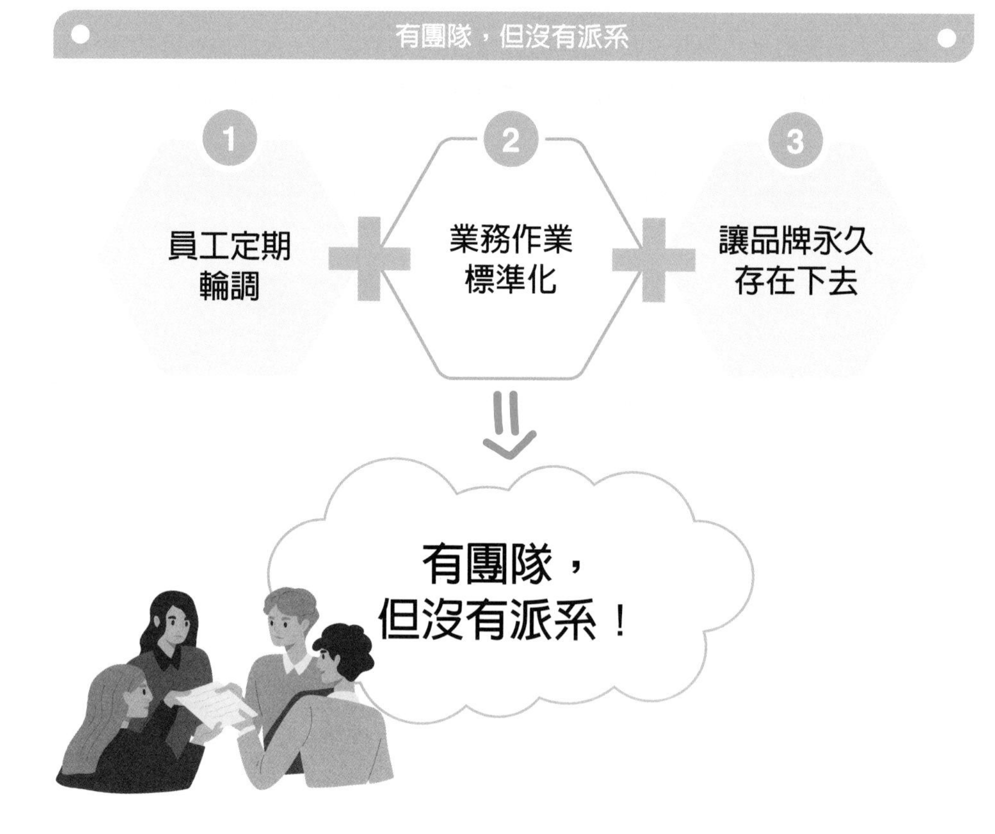

二、運用成員力量，組成最強團隊

無印良品認為，團隊不必在建立的時候就追求完美，而是要在建立之後，逐步運用所有成員的力量，把它變成一個堅強的團隊。

在無印良品，假如有什麼大案子，基本上會召集不同部門的成員組成團隊負責。因為唯有行銷部、業務部、商品部、製造部等單位都打破藩籬通力合作，才可能追求整體最適。

在挑選團隊成員時，必要的考量不是能否找到最優秀人才，而是能找到合於角色的人才。唯有找來擁有各種不同的能力、不同的個性、不同觀點的成員，才能成為堅強的團隊。

另外，團隊當然要有一個領導者，此領導者必須具備基本特質為：

1. 要能讓成員凝聚在一起。
2. 要能看穿事物的本質。
3. 要能克服阻礙。
4. 要能讓任務如期完成。

當然，理想的團隊領導者，必須均衡兼具幾種能力：

1. 領導能力。
2. 人際能力。
3. 問題解決能力。
4. 決策能力。
5. 自我管理能力。
6. 激勵成員能力。
7. 溝通能力。

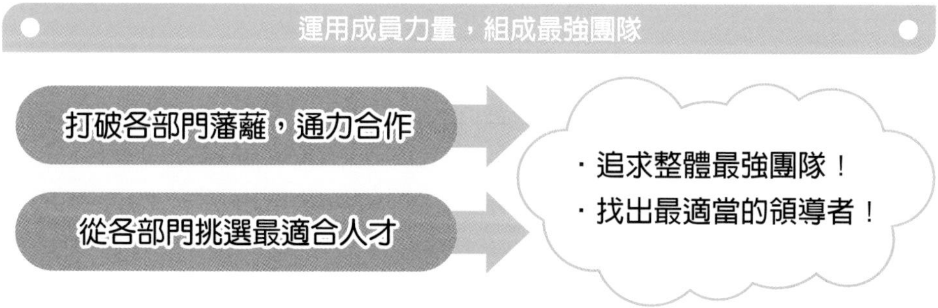

運用成員力量，組成最強團隊

打破各部門藩籬，通力合作

從各部門挑選最適合人才

・追求整體最強團隊！
・找出最適當的領導者！

10-5 無印良品透過不斷輪調，培育人才的五個理由

無印良品的職務異動一大特徵在於，會在3～5年這樣的短期間內就更換工作崗位。有五大理由支持不斷輪調：

一、可確實提升能力及豐富資歷

無印良品認為與其在同一個領域中累積經驗，還不如多方面體驗，會更有利於提升個人能力及豐富經驗。

二、維持挑戰精神

為了讓自己持續成長下去，經常挑戰新事物是最適切的方法。

人一旦長期待在相同環境中，很難不習以為常，失去挑戰精神，也會變得比較保守。但若能在職務異動下轉換到新環境，自然而然就得到了挑戰機會。

三、擴增多樣化的人際網

若能輪調到其他單位，就能和其他單位的人展開新的往來，公司內部的交流就會慢慢增加，並可藉以提升團結力與團隊合作；對個人而言，也可以擴增多樣化的人際網。

四、促進對他人立場的理解

試著站在別人的立場上想想看，若能因為職務異動而到其他單位去，就能體驗到不同於前的立場與環境。等到自己有了經驗，自然就能理解別人的立場。要想理解別人的想法，最有效果的方法就是試著站在對方的立場，也就是實際去體驗一下對方的辛苦與對方的作法。

五、拓展眼界

要想拓展眼界，嘗試各種經驗是最好的。透過輪調，應該能夠得到許多令自己耳目一新的經驗，像是不斷有新的發現，或是體認到一些在先前單位中理所當然的事，但是在別的單位就不是那麼回事。

眼界拓展後，若能理解不是只用一種角度看待事物，而是有各種不同角度存在，就會變得容易理解別人的意見。同樣處理一件事，就會變得可以考慮到許多層面。一旦判斷事情的素材變多，就能更確實、更迅速的做出判斷！

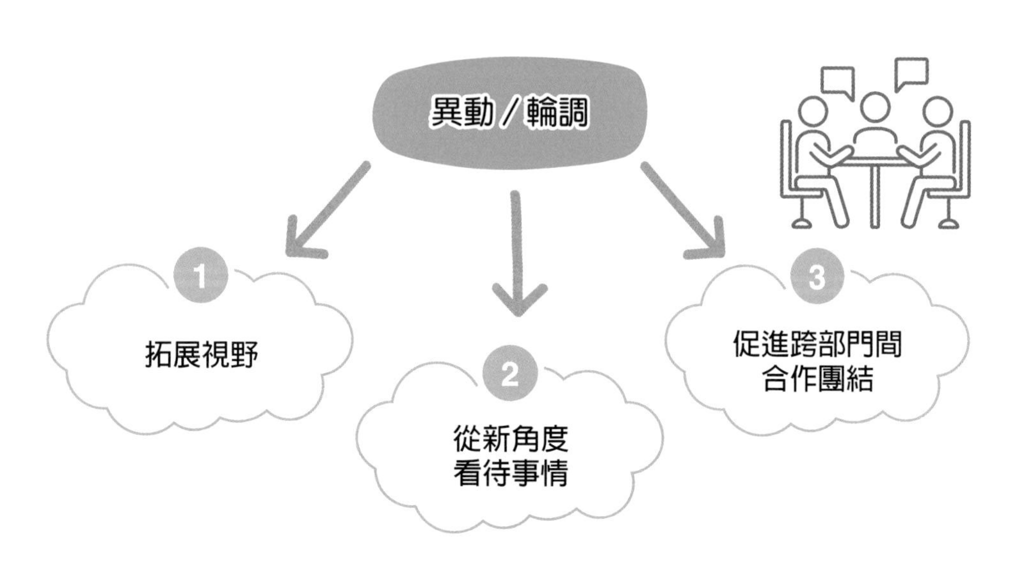

10-6 好制度，讓工作事半功倍

日本無印良品松本忠三認為，無論身處何種產業、何種位置，「重視制度」都是一種有助於把工作做好的思維。

領導人要完成的工作既繁且多，何不先試著重新審視一下內部的制度。他認為大半的煩惱，都可以從其中獲得解決。領導者也應試著建立良好的運作制度，一旦建立起制度，員工就會自然而然改變行為。

他表示，如果領導人無法建立起「把努力連結到成果的制度」，企業只會愈來愈衰退。

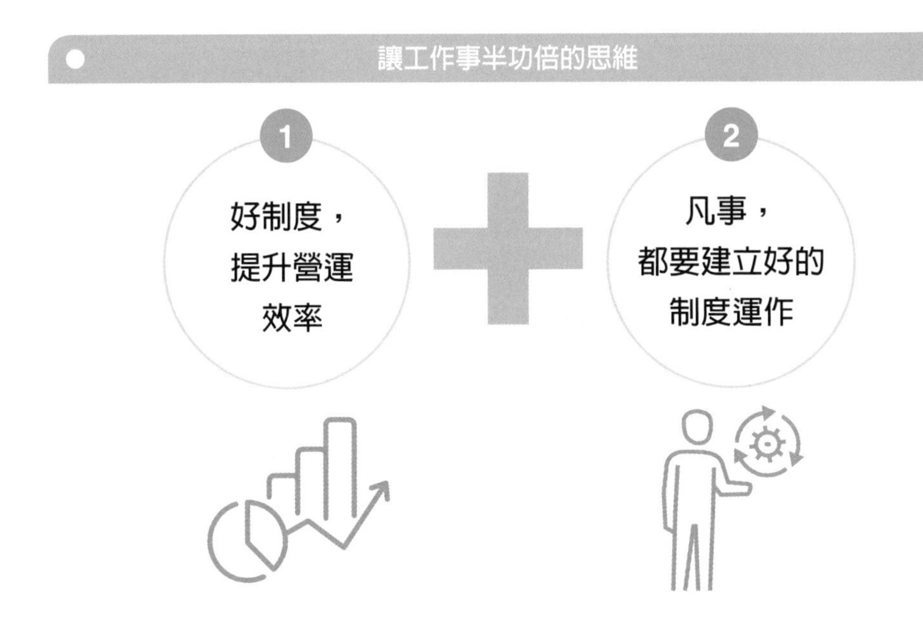

10-7 策略二流無妨，只要執行力一流就行

松井忠三前董事長認為，有些企業的策略一流，有些企業的執行力一流，他認為如果這二種企業彼此競爭時，勝出的毫無疑問是後者；因為構思策略固然重要，但如果未能付諸執行，就沒有任何意義。

他表示，很多企業都是每天開好幾小時的會議，卻沒有做出任何結論，不斷留待下次會議再處理。他認為，不管企業的策略或計劃再怎麼綿密，只要沒有付諸實行，就不過是紙上談兵而已。他還認為些許的策略錯誤，其實可以靠執行力彌補。

執行力比策略更重要

策略	VS	執行力
策略不執行，談太久，就是紙上談兵而已！		強大執行力，可以彌補策略的缺失！

10-8 根據「顧客意見」打造暢銷商品

松本忠三前董事長表示，「搜集顧客意見」的制度很重要，無印良品每天都會透過客服中心的電話或電子郵件等管道，搜集顧客的意見。

另外，該公司也成立了名為「生活良品研究所」的網站，建立一個既可與顧客溝通，又能兼顧商品開發的制度。該研究所也會收到各式各樣的商品需求，每星期會交由專人審視一次，討論是否要商品化。

這些制度都有助於提升無印良品的商品力。

搜集顧客意見，打造暢銷商品

1 客服中心（電話、email）

＋

2 生活良品研究所

＝

· 有效提升商品力！
· 打造出暢銷商品！

Chapter 11

第11位大師：雲品大飯店集團董事長盛治仁

11-1 當主管的三種角色與功能

盛治仁董事長認為主管要當得好，應該具備三種角色，如下：

一、當個「棋手」

他說，當主管必須有能力對公司或部門規劃出中長期的發展，這才是高等功力的表現。他把這種「布局」的能力，稱之為「棋手」，這是他認為擔任主管最重要的核心職能之一。

棋手的本事，就是時刻把「團隊的未來」放在心上，兼具對短、中、長期的思考，帶領團隊前進。

二、當個「工程師」

光有布局的眼光，還不足以讓目標落地，工程師的執行力，是指要透過設計及建立制度，讓理念成為運作常態。確保即使有一天你不是主事者，工程依然可以持續推展。透過制度，主管可以幫公司建立起長遠的發展基礎，從人治轉為法治，組織才能走得長久。

三、當個「學生」

世界變化太快，無論科技發展或產業趨勢都在快速進化，所以千萬不要放下學習的習慣，要讓自己不斷戴上學生的帽子，持續精進、吸收新知。

透過讀書，能幫助我們在遇到問題時，發掘出更多可能，這是很好的自我鍛鍊。主管有沒有能力比同仁更深刻看到問題，找到高明的解決之道，也有賴於持續學習。

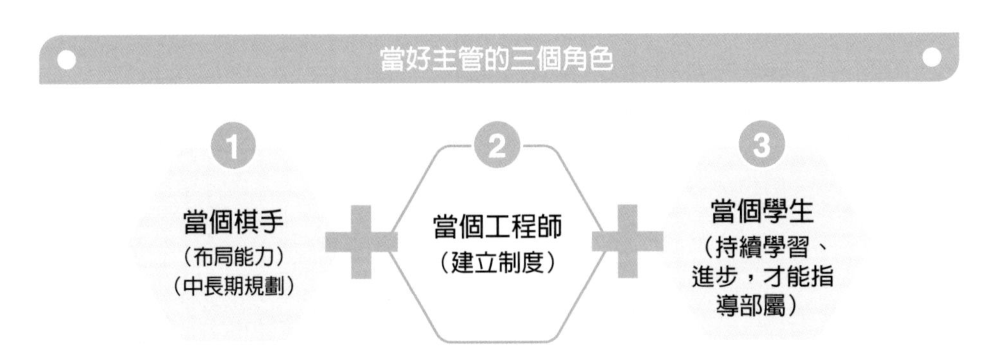

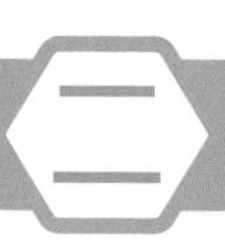

11-2 SOP只是最低標準

盛治仁董事長認為SOP（Standard Operating Procedure，標準作業流程）這三個字，好像成為管理上的顯學，有些人甚至將它當成萬靈丹，開口閉口都是SOP，彷彿每件事都有SOP，才代表會管理，公司才有競爭力。

但在盛治仁眼中，SOP只是「最低標準」；做到SOP只是達到60分而已，但企業追求的並不只是及格，而是邁向卓越。SOP並不是僵固不變的鐵則，長此以往組織會失去改變的動力。

他指出，通常是制式化且高度重覆的工作，才適用SOP；在熟悉SOP流程後，下一步應是掌握SOP的原則及邏輯，進一步再打破SOP，團隊才能持續成長。在服務業，除了SOP之外，還願意多設想、多付出10%的體貼及親切，那才是感動人的服務。

SOP的調整應該是動態的，必須給予修正及優化。他指出，比起SOP，公司更重視團隊一起累積經驗，激發潛能的過程。當同仁體認到，自己在一家體恤並信任同仁的公司，在第一線服務時，便會自動自發為客人著想，這樣的良性循環，才是一家企業最珍貴的SOP。

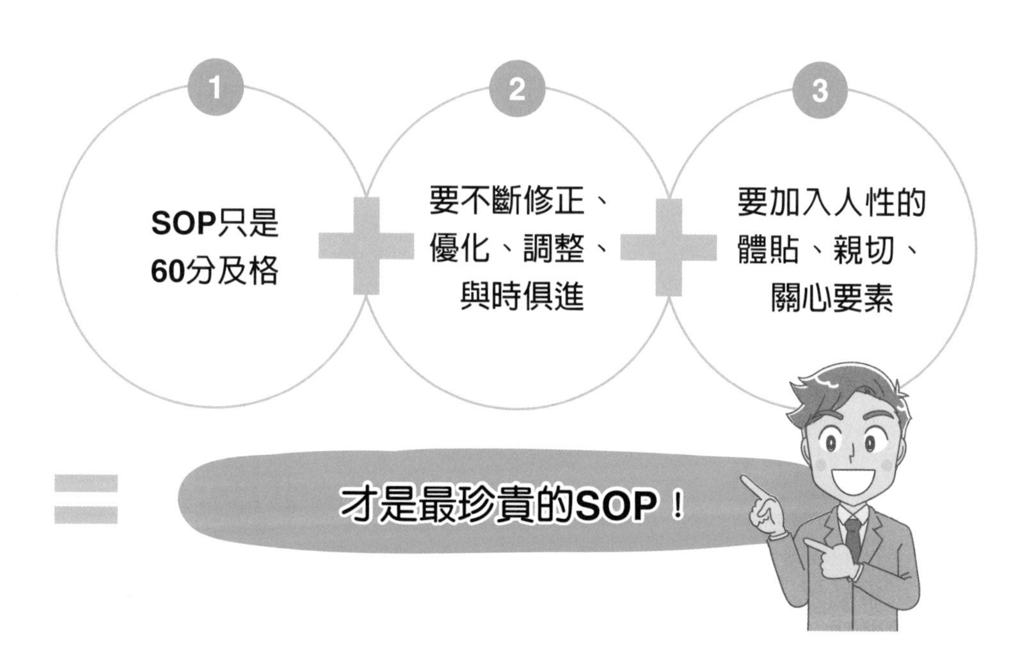

11-3 推動創新的三大階段

盛治仁董事長認為，創新對每一家企業都重要，而推動創新有三大階段：

1. 第一階段是「宣傳理念」。也就是讓同仁對創新思考有共識，了解為什麼需要創新？創新對團隊有哪些好處？同時，也開始學習創新的方法，訓練思考的能力。
2. 第二階段是「配合制度」，讓創新落地。他認為可以推動「創新圈」，鼓勵大家找出問題，發想創新的解決方案，也讓創新成為公司每年、每季、每月的例行事項，可以長期運作。
3. 第三階段是「讓創新植入企業文化中」，讓創新成為每個人在面對事情、處理事情的共識。

作為領導人，你必須耐得住性子，從理念宣導、制度運作、到變成組織文化，這是一連串過程。

11-4 領導力的三頂帽子

盛治仁董事長認為領導力的詮釋，可以用三頂帽子來做比喻：

一、主管帽子

當你戴上主管的帽子，憑藉的是「權力」，你可以明定時間點及考核項目，嚴格要求，甚至懲罰表現不佳的同仁；此即，主管帽子，代表著領導者行使權力的本質。

二、老師帽子

戴上老師的帽子，憑藉的是「能力」，代表你有能力教導同仁，他們願意跟隨的原因，是希望從你身上獲得成長。

三、教練帽子

教練的價值不在於上場打球，而是透過落實訓練、適時「激勵」來激發球員潛能。當你戴上教練帽子，就必須有能力做到適才適所，激勵每個成員邁向卓越。

〈小結〉

這三頂帽子必須視情況交替著戴，到底哪一頂帽子要戴得比較多？則必須先了解自己所領導的部門、每位成員的性格，甚至行業特性、部門特性；再適時戴上合適的帽子。

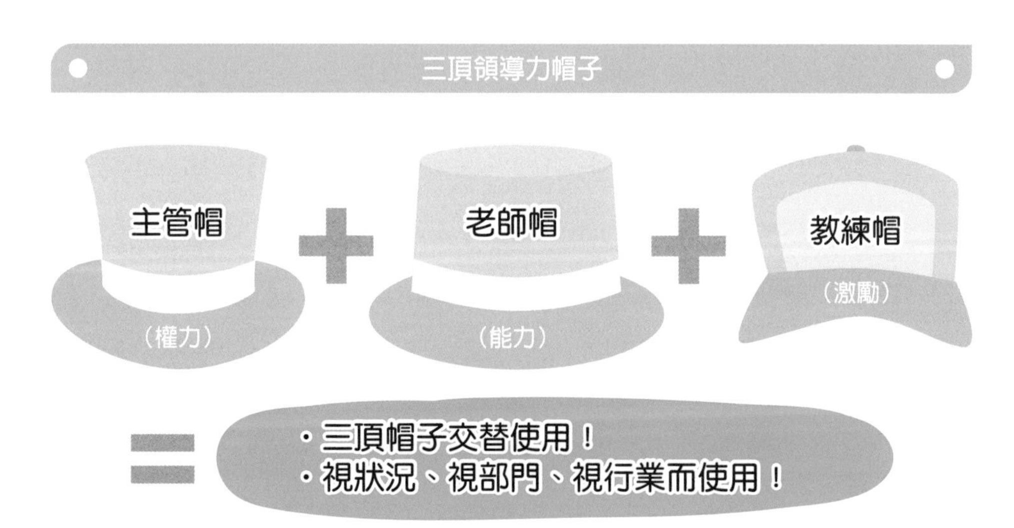

Chapter 12

第12位大師：美國行銷學教授菲力浦·柯特勒

12-1 行銷管理的定義與內涵

什麼是「行銷管理」（Marketing Management）？如果用最簡單、最通俗的話來說，就是指企業將「行銷」（Marketing）活動，再搭配上「管理」（Management）活動，將這兩者活動做出正確、緊密、有效的連結，以達成行銷應有的目標，不但能讓公司獲利賺錢，而且永續生存下去，這就是「行銷管理」的原則性定義與思維。

一、何謂「行銷」

我們回到原先的「行銷」（Marketing）定義上，柯特勒表示，行銷的英文是市場（Market）加上一個進行式（ing），故形成Marketing。

此意是指：「廠商或企業在某些市場上，展開一些促進他們把產品銷售給市場的消費者，以完成雙方交易的任何活動，這些活動都可以稱之為行銷活動。而最後消費者在購買產品或服務之後，即得到了充分的滿足其需求。」

因此，如下圖所示，廠商行銷的最終目標，主要有兩個：第一個是滿足消費者的需求；第二個是要為消費者創造出更大的價值。

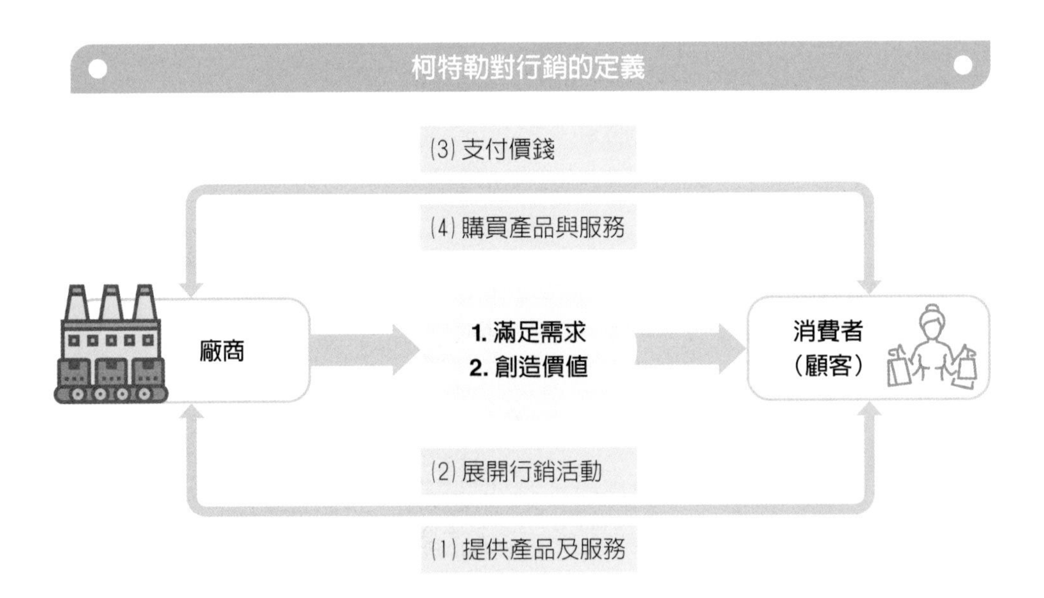

二、行銷的重要性

行銷與業務是公司很重要的部門，它們共同負有將公司產品銷售出去的重責大任，也是創造公司營收及獲利的重要來源。有些公司雖然研發或製造很強，但是因為行銷及業務體系相對較弱，因此公司經營績效未見良好。由此得知，公司即使有好的製造設備能製造出好的產品，也要有好的行銷能力相輔相成的配合。而今天的行銷，也不再僅僅是銷售的意義，而是隱含了更高階的顧客導向、市場研究、產品定位、廣告宣傳、售後服務等一套有系統的知識寶藏。

行銷管理的內涵

行銷活動（Marketing）

1. 產品規劃活動
2. 通路規劃活動
3. 定價規劃活動
4. 廣告規劃活動
5. 促銷規劃活動
6. 公共事務規劃活動
7. 銷售組織規劃活動
8. 現場環境設計與規劃活動
9. 服務規劃活動
10. 會員經營與顧問關係管理活動
11. 社會公益行銷規劃活動
12. 活動行銷規劃活動
13. 網路行銷規劃活動
14. 媒體採購規劃活動
15. 行銷總體策略規劃活動
16. 市場調查與行銷研究規劃活動
17. 公仔行銷規劃活動
18. 品牌行銷規劃活動
19. 異業合作行銷規劃活動
20. 技術研發與產品規劃活動

管理活動（Management）

1. 管理活動，意指著對左列的各種行銷活動，要擔負著正確的、有效率的與有效能的管理工作。
2. 管理工作或管理循環有兩種涵義：

(1) 管理工作簡單說，就是P-D-C-A的每天性循環工作。亦即：
- P：Plan，要計劃左列的事項
- D：Do，要執行左列的事項
- C：Check，要追蹤、檢討及考核左列的事項
- A ：Action，要改變及再行動左列的事項

(2) 管理也可說是：
- 如何組織一個團隊
- 如何規劃、企劃事情
- 如何領導及指揮
- 如何做溝通及協調
- 如何激勵及獎勵
- 如何控制、檢討、評估
- 如何再修改、再改善及再行動

行銷管理（應達成目標）（Marketing Management）

1. 左邊二列，合併起來就是一個完美與完整的行銷管理內容。
2. 但要達成企業實戰的行銷目標，包括：

(1) 如何達成營收目標
(2) 如何達成獲利目標
(3) 如何達成市場占有率目標
(4) 如何達成品牌創造目標
(5) 如何達成企業優良形象目標
(6) 如何達成顧客滿意及顧客忠誠目標
(7) 如何為消費者滿足他們的需求，並為他們創造出更大的價值
(8) 善盡行銷社會責任

12-2 行銷目標與行銷職稱

我們常聽到企業要達到年度的行銷目標，究竟什麼是行銷目標？它代表什麼意涵？而坊間我們聽到的行銷經理人與產品經理人，他們又有什麼差異呢？

一、何謂「行銷五大目標」

企業在實務上，柯特勒認為，有以下幾點重要的「行銷目標」（Marketing Objectives）需要達成：

（一）營收目標

也稱為年度營收預算目標，營收額代表著有現金流量（Cash Flow）收入，即手上有現金可以使用，這當然重要。此外，營收額也代表著市占率的高低及排名。例如：某品牌在市場上營收額最高，當然也代表其市占率第一。故行銷的首要目標，自然是要達成好的業績與成長的營收。

（二）獲利目標

獲利目標與營收目標兩者的重要性是一致的。有營收但虧損，則企業也無法長期久撐，勢必關門。因此有獲利，公司才能形成良性循環，可以不斷研發、開發好產品、吸引好人才，才能獲得銀行貸款、採購最新設備，也可以享有最多的行銷費用，用來投入品牌的打造或活動促銷。因此，行銷人員第二個要注意的即是產品獲利目標是否達成。

（三）市占率目標

市占率（Market Share）代表公司產品或品牌，在市場上的領導地位或非領導地位。因此，也是一項跟著營收目標而來的指標。市占率高的好處，包括：可以做好的廣告宣傳、鼓勵員工戰鬥力、使生產達成經濟規模、跟通路商保持良好關係、跟獲利有關聯等各種好處。因此，企業都朝市占率第一品牌為行銷目標。

（四）創造品牌目標

品牌（Brand）是一種長期性、較無形性的重要無形價值資產，故有人稱之為「品牌資產」（Brand Asset）。消費者之中，有一群人是品牌的忠實保有者及支持者，此比例依估計至少有三成以上。因此，廠商打廣告、做活動、找代言人、做媒體公關報導等，其最終目的，除了要獲利賺錢外，也想要打造及創造出一個長久享譽的知名品牌之目標。如此，對廠商產品的長遠經營，當然會帶來正面的有利影響。

（五）顧客滿足與顧客忠誠目標

行銷的目標，最後還是要回到消費者主軸面來看。廠商所有的行銷活動，包括從產品研發到最後的售後服務等，都必須以創新、用心、貼心、精緻、高品質、物超所值、尊榮、高服務等各種作為，讓顧客們對企業及其產品與服務，感到高度的滿意及滿足。如此，顧客就對企業產生信賴感，養成消費習慣，進而創造顧客忠誠度。

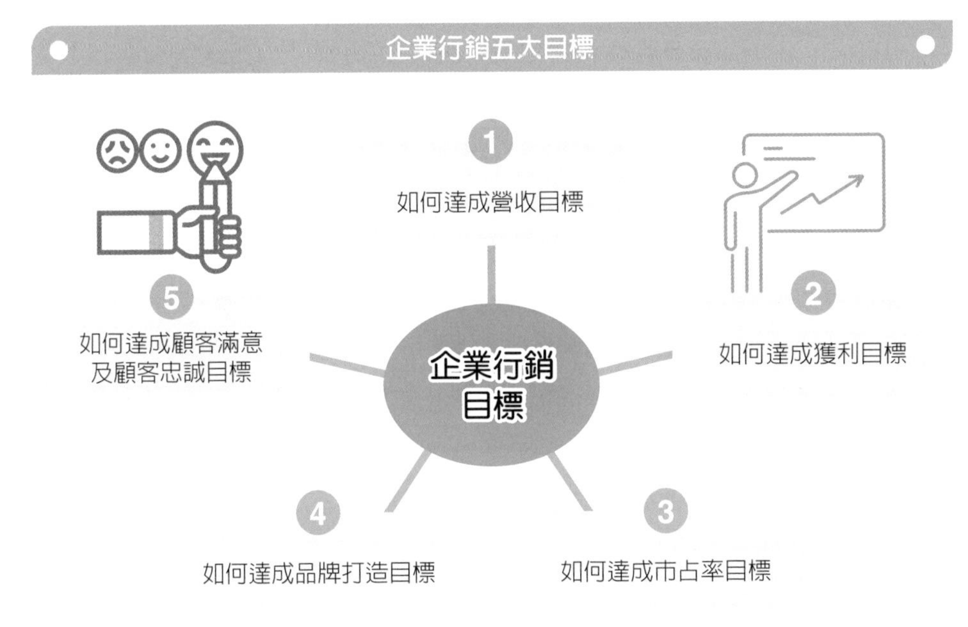

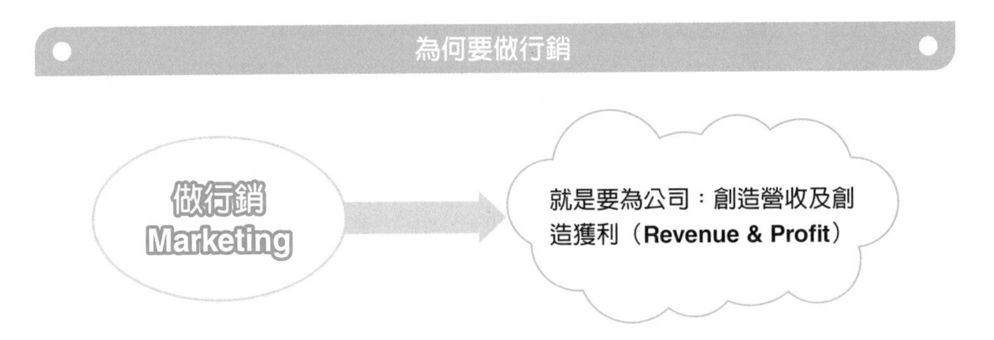

二、行銷經理人的職稱

在實務上，行銷經理人有不同的職稱。在大型企業，因為產品線及品牌數眾多，故常採取PM制度，即產品經理人制度；或是BM制度，即品牌經理人制度。而在中型或中小型企業中，則採用行銷企劃經理較為常見。

12-3 行銷觀念導向的演進

隨著時間的流轉，市場上的行銷手法愈漸成熟。以下僅就行銷觀念的導向，柯特勒教授分四階段的演進過程來說明，讓讀者更了解每個年代不同的行銷觀念。

一、生產觀念（1950年代～1970年代）

生產觀念（Production Concept）係指在1950年代經濟發展落後，低國民所得，大家都很貧窮的時代。假設消費者只想要廉價產品，並且隨處可買到，此時廠商的任務著重在：1. 提高生產效率；2. 大量產出單一化產品，大量配銷；以及3. 降低產品成本，廉價出售。因此總結來說，廠商只有生產任務，沒有行銷任務。

二、產品觀念（1970年代～1980年代）

產品觀念 （Product Concept） 係假設消費者只想要品質、設計、功能、色彩都最優的產品，他們認為只要做出最佳產品，消費者一定會上門購買。但廠商如只鎖定產品本身要精益求精，就很容易產生「行銷近視病」（Marketing Myopia）。

所謂「行銷近視病」，也稱「行銷迷思」，係指廠商只一味重視產品本身的改良，而不注重或了解消費者本身的實質需求與慾望。因此，雖然廠商的產品或服務無懈可擊，但也避免不了衰敗的命運，此乃因即使他們做出自認為很好的產品，但卻無法正確滿足市場需要。

例如：美國鐵路事業早年風光多時，後來卻跌入谷底，衰敗不振；此乃因為他們將公司設定在提供最好的鐵路，而非提供最佳的運輸服務。因此，現代的高速公路、高鐵、航空客機等都已取代鐵路的服務，就在於其未了解並看重消費者需求。

因此，行銷人員應該避免犯了「行銷近視病」，只看到玻璃窗，而無法看到窗外的世界，產品觀念階段，正有此種隱憂。

三、銷售觀念（1980年代～1990年代）

銷售觀念（Selling Concept）係認為消費者不會主動購買產品，加上供應廠商愈來愈多，消費者可能面對多種選擇，並且會進行比較分析。因此，廠商無法像過去生產階段一樣，坐在家裡等生意上門，必須靠一群銷售組織，積極主動說服顧客購買產品，並透過一些宣傳活動，消費者知道並願意購買公司產品。

四、行銷觀念（1990年代～21世紀）

這階段的行銷觀念（Marketing Concept），通常也稱市場導向或顧客導向（Market-Orientation or Customer-Orientation），在現代企業已被廣泛普遍的應用，這些觀念包括：1. 發掘消費者需求並滿足他們；2 製造你能銷售的東西，而非銷售你能製造的東西；以及3. 關愛顧客而非產品。

行銷觀念導向四階段演進

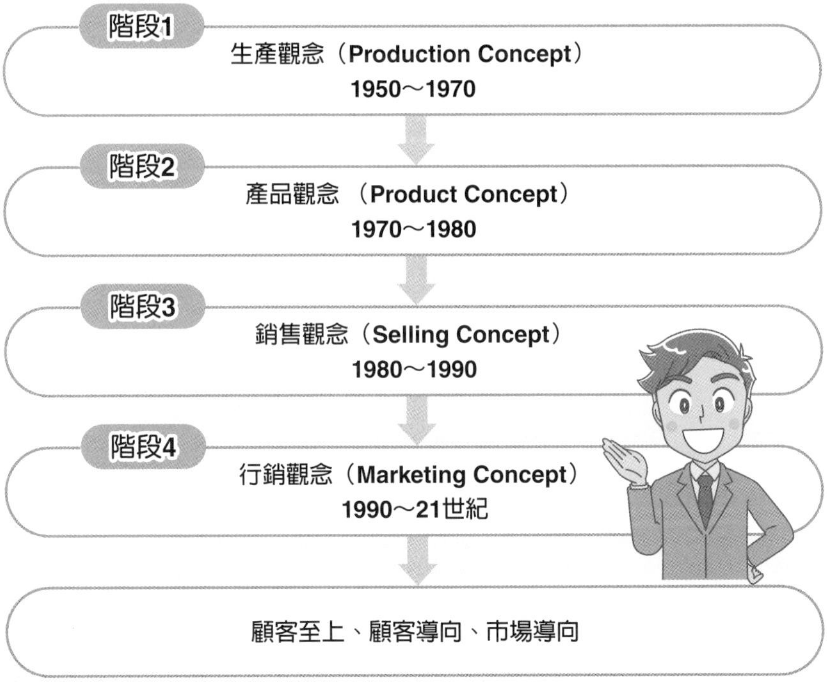

階段1
生產觀念（Production Concept）
1950～1970

階段2
產品觀念 （Product Concept）
1970～1980

階段3
銷售觀念（Selling Concept）
1980～1990

階段4
行銷觀念（Marketing Concept）
1990～21世紀

顧客至上、顧客導向、市場導向

表　產品導向與行銷導向之比較

公司	產品導向定義	行銷導向定義
Revlon（露華濃）	我們製造化妝品	我們銷售希望
Xerox	我們生產影印設備	我們協助增加辦公室生產力
Standard Oil	我們銷售石油	我們供應能源
Columbia Picture	我們做電影	我們行銷娛樂
Encyclopedia	我們賣百科全書	我們是資訊生產與配銷事業
International Mineral	我們賣肥料	我們增進農業生產力
Missouri Pacific Railroad	我們經營鐵路	我們是人和財貨的運輸者
Disney（迪士尼樂園）	我們經營主題樂園	我們提供人們在地球上最快樂的玩樂

12-4 S-T-P架構分析三部曲

柯特勒教授對行銷S-T-P架構分析有以下三部曲的詮釋，茲摘述及圖示如下：

一、分析區隔市場

簡稱S（Segment Market），進行順序如下：

先明確市場區隔或分衆市場在哪裡？再切入利基市場，例如：熟女市場、大學生市場、老年人市場、貴婦市場、上班族市場、熟男市場、電影市場、名牌精品市場、健康食品市場、幼教市場、豪宅市場等。區隔市場切入角度，包括：

1. 從人口統計變數切入（性別、年齡、所得、學歷、職業、家庭）。
2. 從心理變數切入（價值觀、生活觀、消費觀）。
3. 從品類市場切入（例如：茶飲料、水果飲料、機能飲料等品類）。
4. 從多品牌別市場切入。
5. 從價格高、中、低切入。

然後評估區隔市場的規模或產值有多大。

二、鎖定目標客層

簡稱TA（Target Audience, TA），即先鎖定、瞄準更精準及更聚焦的目標客層、目標消費群；再來詳述目標客層的輪廓（Porfile）是什麼，例如：他們是一群什麼樣的人、有何特色、有何偏好、有何需求等。

三、產品定位

簡稱P（Positioning），即我們的產品、品牌及服務定位在哪裡，可讓人印象深刻，並與競爭品有所差異化。

S-T-P架構分析

案例一 白蘭氏雞精的S-T-P架構分析

（一）區隔市場（Segmentation）

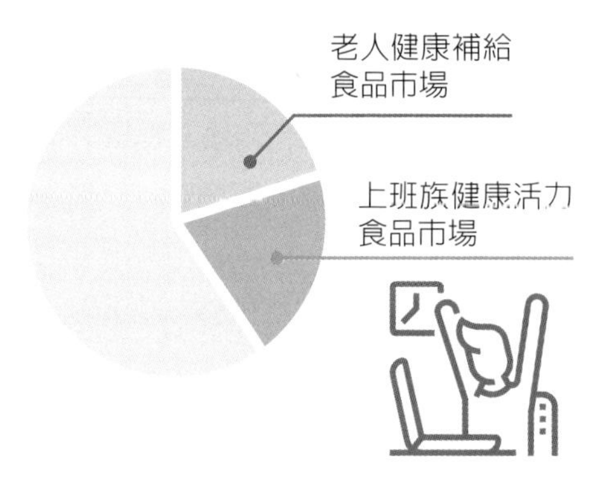

（二）鎖定目標客層（Target Audience）

1. 老年人，60歲以上，住院老人及非住院老人。
2. 上班族，25～40歲，男性，對精神活力重視的人。

（三）產品定位（Product Positioning）

1. 把健康事，就交給白蘭氏。
2. 健康補給營養品的第一品牌。
3. 高品質健康補給營養品。

案例二 統一超商City Cafe的S-T-P架構分析

（一）區隔市場（Segmentation）

（二）鎖定目標客層（Target Audience）

鎖定白領上班族、女性為主，男性為輔，25～40歲，一般所得者，喜愛每天喝一杯咖啡者。

（三）產品定位（Product Positioning）

1. 整個城市都是我的咖啡館。
2. 平價、便利、外帶型的優質咖啡。
3. 便利超商優質好喝的咖啡。
4. 現代、流行、外帶的優質超商咖啡。

案例三 海尼根啤酒的**S-T-P**架構分析

（一）區隔市場（Segmentation）

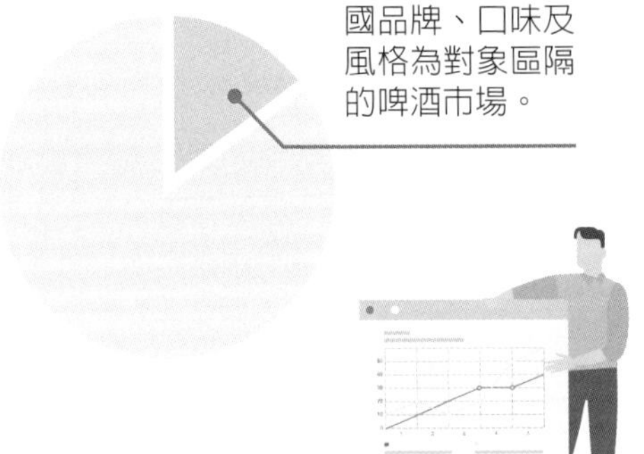

（二）鎖定目標客層（Target Audience）

鎖定年輕上班族、25～29歲，男、女性均有，中產階級，中高學歷者為目標族群的輪廓。以區別於市占率最高的台啤產品。

（三）產品定位（Product Positioning）

1. 就是要海尼根。
2. 來自歐洲、幽默、年輕與好喝的歐式優質啤酒。

案例四 全聯福利中心的**S-T-P**架構分析

（一）區隔市場（Segmentation）

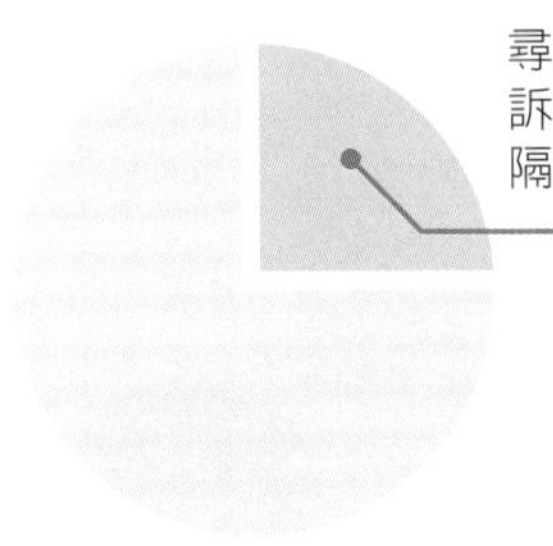

（二）鎖定目標客層（Target Audience）

全客層、家庭主婦、上班族、男性女性兼之，且對低價格產品敏感者。

（三）產品定位（Product Positioning）

1. 實在，真便宜。
2. 全國最低價的社區型超市。
3. 低價超市的第一品牌。

12-5 行銷4P的基本概念

就具體的行銷戰術執行而言，最重要的就是行銷4P組合（Marketing 4P Mix）的操作，但什麼是行銷4P組合？要如何運用？柯特勒教授有如下說明：

一、「組合」的涵義

為何要說「組合」（Mix） 呢？主要是當企業推出一項產品或服務要成功的話，必須是「同時、同步」要把4P都做好，任何一個P都不能疏漏，或是有缺失。例如：某項產品品質與設計根本不怎麼樣，如果只是一味大做廣告，那麼產品仍不太可能有很好的銷售結果。同樣的，一個不錯的產品，如果沒有投資廣告，那麼也不可能成為知名度很高的品牌。

二、什麼是「行銷4P組合」

此即廠商必須同時、同步做好，包括：1. 產品力（Product）；2. 定價力（Price）；3. 通路力（Place）；以及4. 推廣力（Promotion）等4P的行動組合。而推廣力又包括：促銷活動、廣告活動、公關活動、媒體報導活動、事件行銷活動、店頭行銷活動等廣泛的推廣活動。

三、行銷4P組合的戰略

站在高度來看，「行銷4P組合戰略」是行銷策略的核心重點所在。行銷4P組合戰略是一個同時並重的戰略，但在不同時間裡及不同階段中，行銷4P組合戰略有其不同的優先順序，包括：

1. 產品戰略優先：係指以「產品」為主導的行銷活動及戰略。

2. 價格戰略優先：係指以「價格」為主導的行銷活動及戰略。

3. 通路戰略優先：係指以「通路」為主導的行銷活動及戰略。

4. 推廣戰略優先：係指以「推廣」為主導的行銷活動及策略。

然後，透過4P戰略的操作，以達成行銷目標的追求。

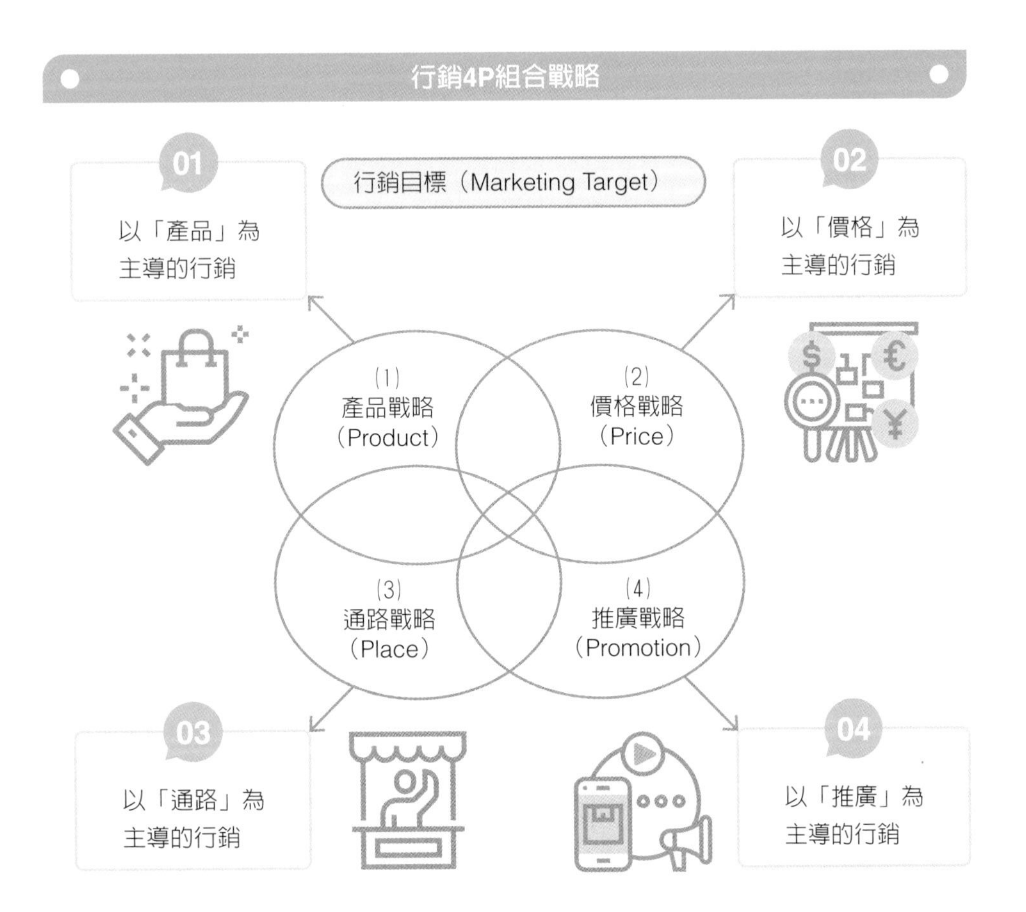

表　4P／1S負責單位

4P／1S	主要	輔助
1. 產品策略	研發部（R&D）／商品開發部	行銷企劃部
2. 定價策略	業務部／事業部	行銷企劃部
3. 通路策略	業務部	–
4. 推廣策略（IMG）	行銷企劃部	–
5. 服務策略	客戶服務部／會員經營部	行銷企劃部

12-6 行銷4P與4C

行銷4P組合固然重要，但4P也不是能夠獨立存在的，柯特勒教授認為，必須有另外4C的理念及行動來支撐、互動及結合，才能發揮更大的行銷效果。4P對4C的意義是什麼呢？如下圖，4P與4C的對應意義，即明白告訴企業老闆及行銷人員，公司在規劃及落實執行4P計畫上，是否能夠「真正」的搭配好4C的架構，做好4C的行動，包括思考是否做到下列各點：

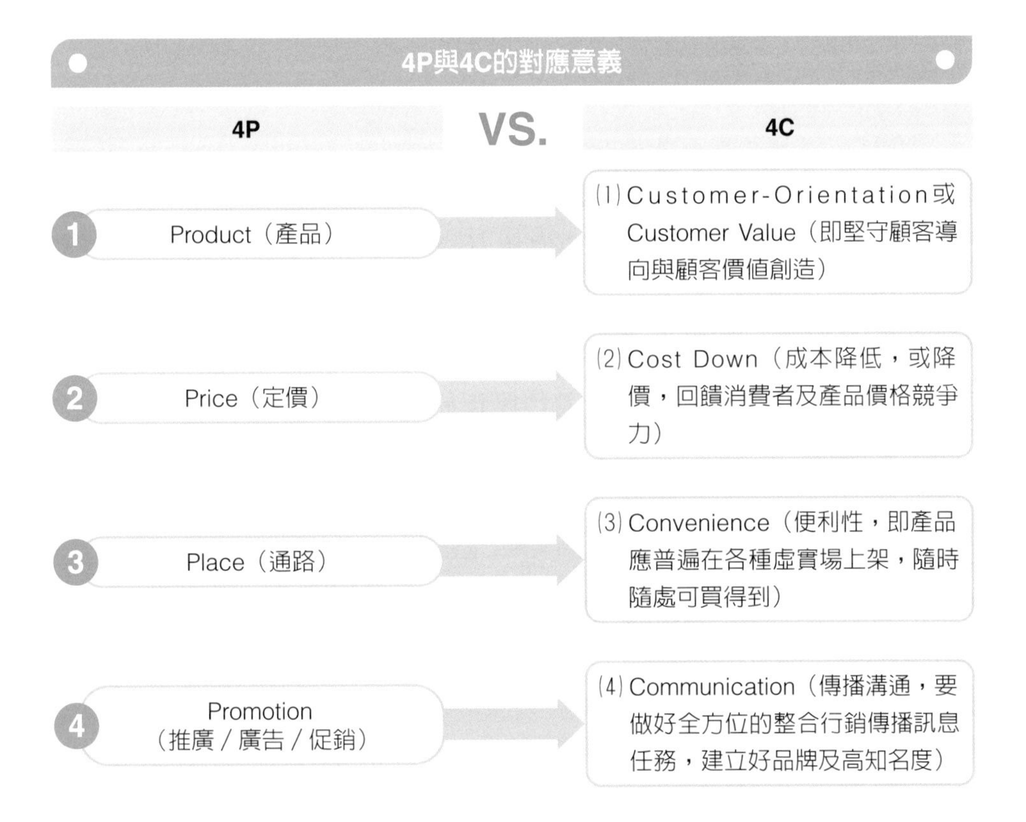

一、產品及服務是否能滿足顧客需求

我們的產品或服務設計、開發、改善或創新，是否真的堅守顧客需求滿足導向的立場及思考點，以及顧客在消費此種產品或服務時，是否真為其創造了前所未有的附加價值？包括心理及物質層面的價值在內。

二、產品是否價廉物美

我們的產品定價是否真的做到了價廉物美？我們的設計、R&D研發、採購、製造、物流及銷售等作業，是否真的力求做到了不斷精進改善，使產品成本得以降低，因此能夠將此成本效率及效能回饋給消費者。換言之，產品定價能夠適時反映產品成本而做合宜的下降。例如：4G手機、數位照相機、液晶電視機、數位隨身聽、NB筆記型電腦及平板電腦、變頻家電等產品，均較初上市時，隨時間演進而不斷向下調降售價，以提升整個市場買氣及市場規模擴大。

三、行銷通路是否普及

我們的行銷通路是否真的做到了普及化、便利性及隨時隨處均可買到的地步？這包括實體據點（如大賣場、便利商店、百貨公司、超市、購物中心、各專賣店、各連鎖店、各門市店）、虛擬通路（如電視購物、網路B2C購物、型錄購物、預購）以及直銷人員通路（如雅芳、如新等）。在現代工作忙碌下，「便利」其實就是一種「價值」，也是一種通路行銷競爭力的所在。

四、產品整合傳播行動及計畫是否能引起共鳴

我們的廣告、公關、促銷活動、代言人、事件活動、主題行銷、人員銷售等各種推廣整合傳播行動及計畫，是否真的能夠做好、做夠、做響與目標顧客群的傳播溝通工作，然後產生共鳴，感動他們、吸引他們，在他們心目中建立良好的企業形象、品牌形象及認同度、知名度與喜愛度。最後，顧客才會對我們有長期性的忠誠度與再購習慣性意願。

從上述分析來看，企業要達成經營卓越與行銷成功，的確必須將4P與4C同時做好、做強、做優，如此才有整體行銷競爭力，也才能在高度激烈競爭、低成長及微利時代中，持續領導品牌的領先優勢，然後維持成功於不墜。

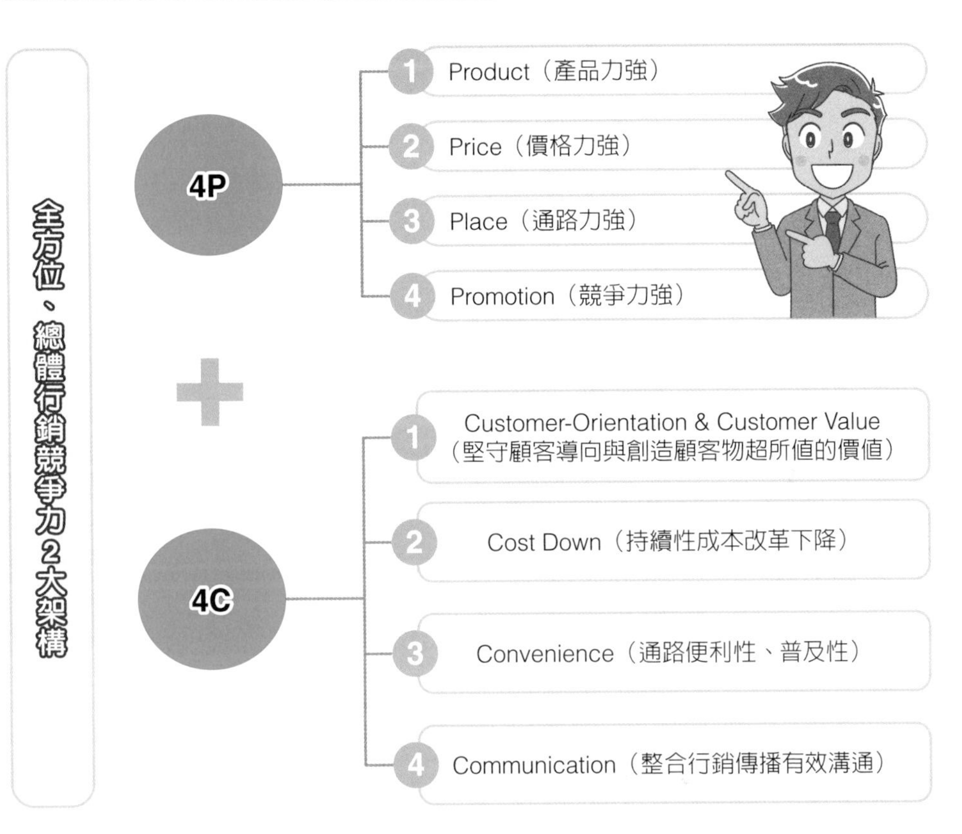
4P＋4C發揮總體競爭力
全方位、總體行銷競爭力2大架構
4P
1 Product（產品力強）
2 Price（價格力強）
3 Place（通路力強）
4 Promotion（競爭力強）
4C
1 Customer-Orientation & Customer Value（堅守顧客導向與創造顧客物超所值的價值）
2 Cost Down（持續性成本改革下降）
3 Convenience（通路便利性、普及性）
4 Communication（整合行銷傳播有效溝通）

Chapter 13

第13位大師：香港首富企業家李嘉誠

13-12 最好的途徑，是創造機遇

13-13 揚長避短，人盡其才

13-14 只有平庸的將，沒有無能的兵

13-1 成功就是不斷的學習、堅持學習

李嘉誠曾說：「在知識經濟的時代裡，即使你有資金，但缺乏知識，沒有最新資訊的話，無論何種行業，你愈拼博，失敗的可能性愈大；可是如果你充滿知識，雖然沒有資金，但小小的付出仍可能會有所回報，甚至很有可能達到成功。跟數十年前相比，知識和資金在通往成功的道路上所引起的作用完全不同，現今，知識就是力量。」

李嘉誠認為，讓學習成為一種習慣，最重要的就是要行動起來，充分認識到學習的重要性，將學習視為一種責任、一種追求。

知識，就是力量！

- 堅持學習！
- 不斷學習！
- 學習是一種責任與進步！

13-2 善於把握時機

李嘉誠認為，會做生意的人，除了會精通取勢、用勢外，還要善於發現機會，妥善把握且利用機會，並懂得將機會變成真實的財富。那些成功者之所以獲得成功，機會之所以成為機會，並不是機會青睞於他們，而是因為他們善於發現並懂得抓住它為己所用。因此，善於識別及把握時機是極為重要的。

他認為，機會永遠青睞於有準備、有把握的人，只要善於發現機會，機會就無時無刻在我們身邊。

13-3 成功的企業，需要優秀團隊

李嘉誠認為，若想組建一支優秀的團隊，大家就得有著同一個夢想，夢想有了，團隊發展就有了方向。他認為，若僅憑他一個人的力量是難以有所作為的，因此必須要有一個優秀團隊，企業才會成功。沒有團隊，企業就是空的。

李嘉誠認為優秀團隊，必須吸納各個領域的優秀專業人才，包括：產業的、金融的、財務的、業務的、行銷的、製造的、研發的、技術的、採購的、設計的、投資的、證券的、法律的、市場的、產品的……等數十種優秀人才。

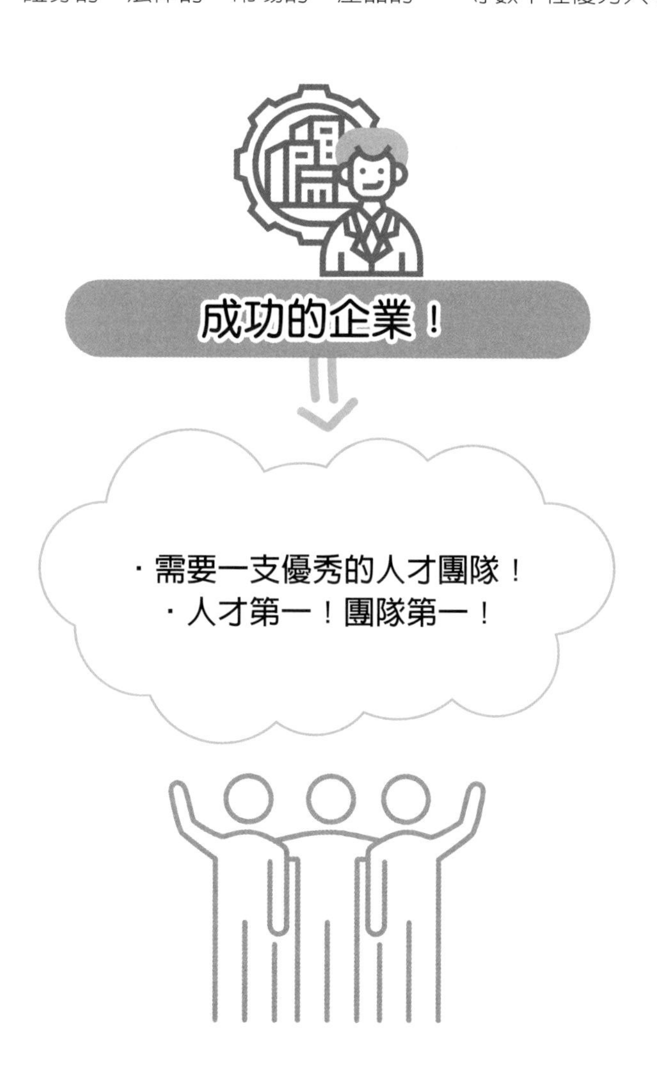

13-4 多聽聽員工的意見

儘管李嘉誠做事果斷迅速，但他並非咄咄逼人，相反的，他很熱心傾聽員工們的意見，如果他們的建議是對的，他便會尊重他們的想法，而不會固執己見。

如果老闆太過獨裁，部屬必會產生怨言，因此，他認為領導者在傳達命令前，不妨試著徵詢一下部門主管或員工的意見，然後再準確下達命令，讓任務工作順利達成。

傾聽員工的意見，對企業有幾項好處：

一是表達出重視部屬的意見，表示部屬們的重要性。

二是可以提升部屬們的榮譽感與自信心。

三是可以使事情更加順利推動執行。

四是可以樹立領導者的民主與開明領導作風。

五是可以增進領導者與部屬間良好的關係。

領導者傾聽員工意見的五大好處

1 表達出領導者對部屬的重視

2 可以提升部屬們的榮譽感與自信心

3 可以使事情更加順利推動

4 可以樹立領導者民主與開明的領導作風

5 可以增進部屬與領導者間良好的關係

13-5 責己以嚴，樹立榜樣

李嘉誠認為，若想要樹立威信，就必須先做好榜樣。

他認為員工不服從命令的主要原因在於：領導者沒有威信，沒有拿出該有的果斷、敏捷，因而難以使他們信服於你。李嘉誠經營企業數十年，雖位居高位，且為香港首富，但他仍嚴格要求自己，時時樹立一個好的榜樣給員工看，充分展現出高階領導者的風範，讓員工心服口服。

13-6 恩威並施，寬嚴並行

李嘉誠認為，恩威並施，就是在駕馭員工的時候，不僅要施之以恩，感動影響，從而贏得他們的信任；另一方面，也要施以權威，查驗所為，使員工有所敬畏，不敢做違法、違規的事。

李嘉誠主張，要對症下藥，該強的時候強硬，該弱的時候容忍，如此一來，才能領導部屬。這種賞罰有度的作法，有效的提升了員工的積極性，也拉高了整個團隊的運作效率。

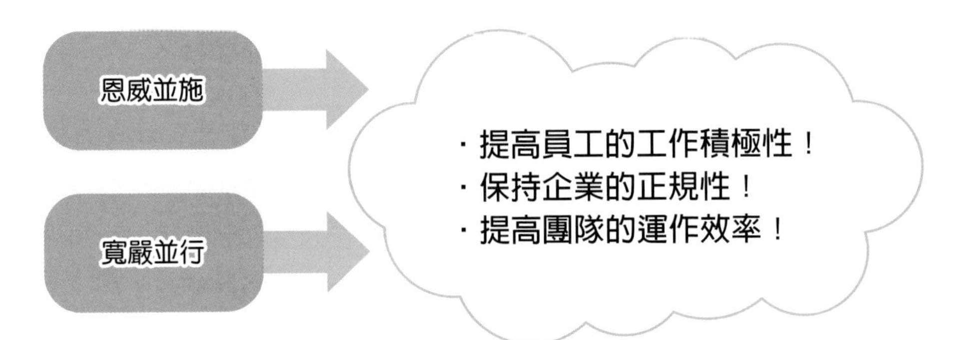

13-7 勢單力薄，唯有合作，才能步入輝煌

李嘉誠認為，現代社會的分工愈來愈細，如果想成功，單憑一己之力或一支團隊的力量是遠遠不夠的。有些人之所以會成功，就是因為他們非常重視合作的力量；合作可以揚長避短，又可以共同承擔風險，還可以增大雙方各自的力量，產生綜效。

但是，李嘉誠對於合作夥伴的篩選也是非常嚴格的，凡是沒有誠信的、思想僵化的、口碑不好的、保守的、沒有特長、不學無術的、巴結逢迎的、太重金錢利益的人或企業，他都拒絕交往。

與別的企業攜手合作的好處

1 可以揚長避短！

2 可以共同承擔風險！

3 可以擴大雙方各自力量！

4 可以發揮綜效！

13-8 天道酬勤，有耕耘就有收穫

李嘉誠認為，一個人的成功跟他是否勤勉有著重要的關係，若一個人是勤奮的，那他就擁有成功的機會；若一個人是懶惰的，那他就一定不會成功。

雖然勤奮不一定會為你帶來成功，但無論如何，我們都應該勤奮工作，因為這是造就成功最基本的條件。

13-9 信譽比利益更重要

李嘉誠曾說過：「為人不可貪，為商不可奸，經商要重信義，無德不成商。」因此，若想成為成功的商人，首要的任務便是樹立自己的信譽，並將信譽視為自己的生命。正所謂「萬利皆可拋，信譽不可損」。做人和做生意一樣，有了信譽，門前便絡繹不絕；失去信譽，那你就只剩一個人了。

13-10 思考有多遠，就能走多遠

李嘉誠認為，思考並不是科學家、發明家及偉人的專利，我們同樣也有思考的權力。李嘉誠為什麼能實現人生的價值，並獲得大大小小的成功？答案就在他那獨特的思考習慣。人的成就，就是想出來的，然後再靠行動力去完成。

李嘉誠認為，養成思考習慣的人，往往都不會滿足於現狀，不會因循守舊，更不會迷信經驗或盲從於別人。他們遇到問題時，不會直接接受別人的觀點，而是多問一些「是什麼」、「為什麼」、「怎麼樣」等，因為有了這樣的習慣，他就不會只做機械式工作；所以，他主張每個員工要習慣多加思考及觀察，敢於突破思維上的桎梏，尋求新的思路，造就自己成為成功者。

13-11 真正的進步，始於創新的思維

李嘉誠表示，人要想取得成功，做事的時候就要具有創新思維。一個人若沒有創新的精神，就會一直固守在舊有的思維公式之中，而不會有所進步。同樣的，一家企業若沒有創新精神，就會止步不前，直到被其他企業淘汰掉，唯有具備創新的精神，才能不斷的取得成功。

李嘉誠認為，人只有對某件事具有好奇心，才會不斷的研究下去；沒有好奇心的引導，人根本就談不上創新；所以創新的人在做事過程中，善於打破常規，不會因循守舊、墨守成規，因而能為自己及公司帶來很多機會。

13-12 最好的途徑，是創造機遇

俗話說：「不入虎穴，焉得虎子。」李嘉誠認為，很多時候，機會並非全靠等待而來，有時甚至需要我們自己去創造。

在李嘉誠看來，商場如戰場，但只要看準時局的變化，就一定能找到商機，而一旦找到商機，就要馬上注入冒險的精神，否則，一切都是空談。冒險並非有勇無謀，而是有勇有謀，所以，在不知道是否會成功的前提下，你還是要鼓起勇氣去做，只是在付諸實際行動前，你要懂得先制定一個妥善的計劃，做好充分的準備，避免突如其來的變化，產生風險，這樣才能為自己創造機會。

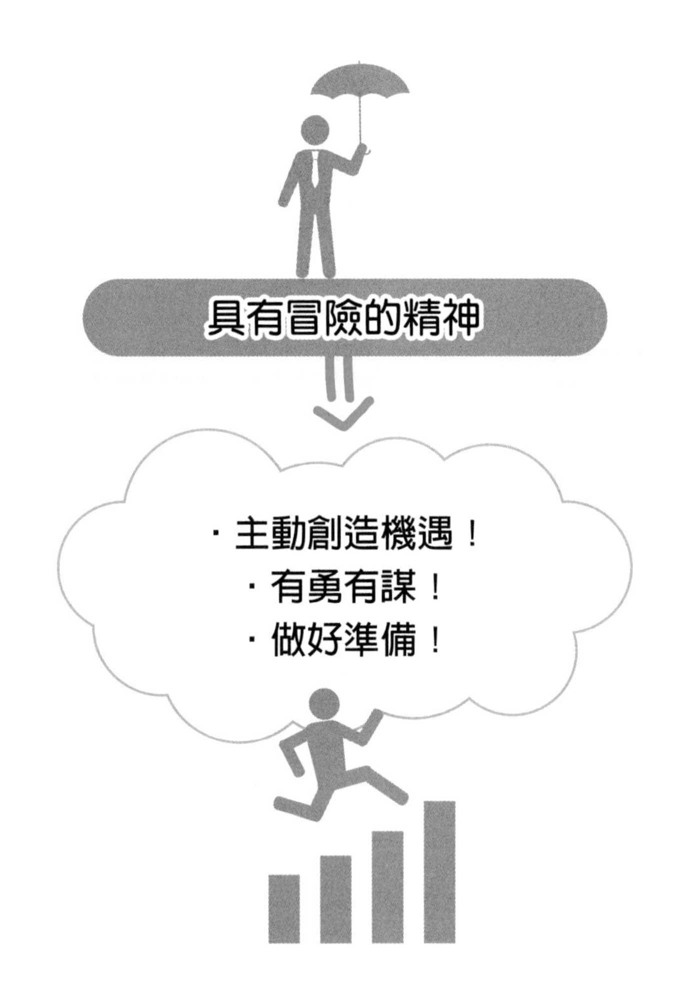

13-13 揚長避短，人盡其才

在李嘉誠的團隊中，只要你是人才，在公司就絕對有用武之地。他始終把人才視為經營管理的重點及核心點。

李嘉誠懂得知人善用、重用年輕人，才使得他們企業急速擴展及壯大。他認為「揚長避短」是管理者用人的基本策略，一位優秀的領導者應該學會容忍員工的缺點，並挖出他們的優點，用其長處彌補其短處，讓每個員工都能發揮他的專長。

日本經營之神松下幸之助也說過：「一個人的才幹再高，也是有限的，長於某一方面的偏才，才為我所用；企業將許多專精於某一項的人融合為一體，才能組成無所不能的全才團隊，也才能發揮巨大的力量，以成就企業。」

13-14 只有平庸的將，沒有無能的兵

李嘉誠認為，他的企業集團之所以能擴展到今日規模，主要歸功於每位員工的鼎力合作及付出；且令他驕傲的是，公司營運數十年，中高階主管的離職率不到1%，比香港任何一家公司都要少。

李嘉誠覺得，企業裡只有平庸的將，沒有無能的兵。企業組織中，優秀的各級領導者帶領人才團隊不斷走向成功，而拙劣的領導者，則在抱怨中，走向衰敗沒落！

只有平庸的將，沒有無能的兵！

要培育組織內部
各級優良的主管將才，
企業就可以邁向成功！

第三篇

99位國內外企業家（董事長／總經理／執行長）

提高經營績效的關鍵「經營管理金句」

第1位　禾聯碩公司總經理　林欽宏

公司地位	臺灣液晶電視機市占率第一，冷氣機全臺第三。有家電界股王之稱，目前為上櫃公司。
管理金句	「我們真的是非常本土的家電廠商，成績全是自己單打獨鬥拼出來的。」 「十年如一日，執著把一件事情做好，待能量足夠強大，再乘勝出擊！」

第2位　寶雅生活彩妝連鎖店董事長　陳建造

公司地位	上市公司，有百貨類股王之稱，全臺290店，年營收175億元。
管理金句	「寶雅是非常靈活的企業，我們懂得如何因應市場變動而調整策略！」 「一站式購足與差異化商品，是我們的經營特色。」

第3位　六角國際董事長　王耀輝

公司地位	上櫃公司，創立日出茶太連鎖茶飲，另有5個品牌。
管理金句	「目標一設定，就要往這個數字走去！」 「在後疫情時代，市場終究會回來，我們要反彈的比別人更快！」

第4位　台積電公司總裁　魏哲家

公司地位	股價突破600元歷史新高，企業市值超過10兆元，年獲利突破4,000億元，年營收突破1.2兆元，有「護國神山」重要企業之稱號，為上市公司，全球晶圓半導體第一大企業。
管理金句	「台積電擁有技術領先及良率穩定的雙重競爭優勢！」 「台積電最先進3奈米製程，於2022年進入量產，專注於先進製程的研發腳步，不曾止息！」

禾聯碩公司總經理林欽宏

寶雅生活彩妝連鎖店董事長陳建造

六角國際董事長王耀輝

台積電公司總裁魏哲家

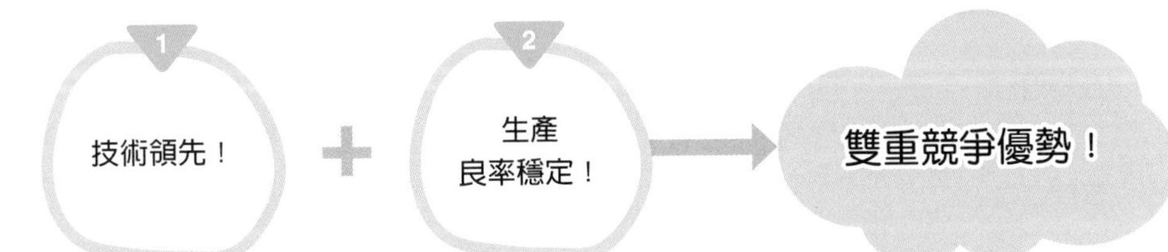

第5位 大立光執行長 林恩平

公司地位	上市公司，臺股股王，EPS超過200元，股價超過1,800元，是全球最大手機鏡頭供應商。
管理金句	「鎖定目標，做手機鏡頭裡的頂峰市場！」 「擴充產能，布局未來十年！」 「不畏雜音，專注做好一件事！專注布局鏡片技術，多鏡片及超薄技術領先！」

第6位 上海商業銀行總經理 陳善忠

公司地位	上市銀行，唯一一家超過100年歷史的商業銀行。
管理金句	「我們專注於鎖定優質企業客戶，定位非常清楚，這是我們的核心能耐！」 「我們深耕企業金融，以客戶為本，贏得信任！」

第7位 如記食品公司總經理 許清溪

公司地位	全臺最大超商及超市香蕉、關東煮供應商。
管理金句	「用最好設備跑在最前面，才不會讓別人太快追上來！」 「堅持穩定品質的供貨量，不論颱風或寒害也不能打折，365天24小時提供服務！」

第8位 信義房屋董事長 周俊吉

公司地位	全臺最大仲介房屋公司
管理金句	「愈是不景氣，消費者愈是要找值得信任的品牌，而信任品牌的打造之道，正是來自企業倫理的實踐！」

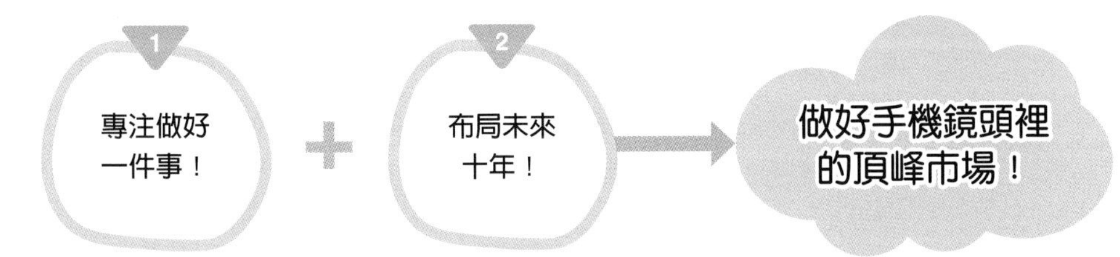
大立光執行長林恩平
1
專注做好
一件事！
2
布局未來
十年！
做好手機鏡頭裡
的頂峰市場！

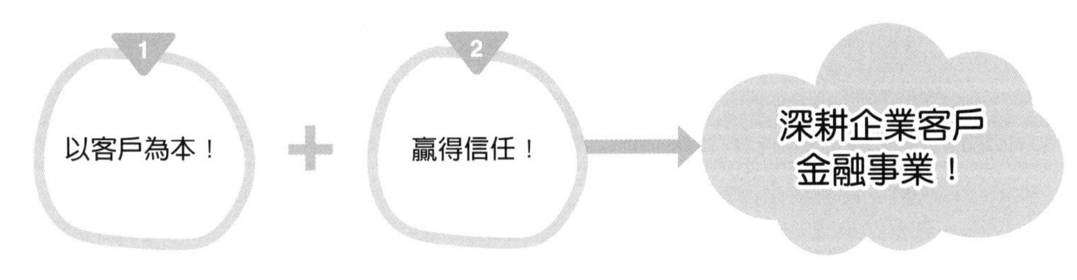
上海商業銀行總經理陳善忠
1
以客戶為本！
2
贏得信任！
深耕企業客戶
金融事業！

如記食品公司總經理許清溪
1
用最好的
設備！
2
堅持穩定
品質！
才不會讓對手
太快追上來！

信義房屋董事長周俊吉
愈是不景氣
消費者愈是要找
值得信任的品牌！

第9位　臺灣優衣庫（Uniqlo）行銷部長　黃佳瑩

公司地位　優衣庫為全球前三大服飾公司、日本第一大服飾公司；在臺灣市場，優衣庫與本土NET服飾並列第一。

管理金句　「貫徹Life Wear品牌精神，打造適合所有人的服飾！」
「從傾聽顧客心聲知道消費者需求，協助新產品成功開發！」

第10位　漢來美食餐飲公司總經理　林淑婷

公司地位　國內知名前五大餐飲連鎖公司。

管理金句　「發展新品牌、積極展店及發展冷凍食品，是力拚業績成長的關鍵三招！」

第11位　匯僑室內設計公司執行長　楊信力

公司地位　全臺最大室內設計公司，經常為國外名牌精品公司設計裝潢旗艦店。唯一設計業上市公司。

管理金句　「設計這行，有創意的人多，有紀律的人少，唯有堅持有紀律的創意，才能成功！」
「我們讓名牌客戶信任，價格貴些沒關係！」
「沒有人才，我們什麼都不能做！留住人才最重要！」

第12位　喬山健康科技公司總經理　羅光廷

公司地位　全球第二大健身器材公司、亞洲第一大健身器材公司。

管理金句　「公司之所以能夠逐步成長，依靠的就是團隊！」
「化危機為轉機，對營收成長保持信心！」

臺灣優衣庫（Uniqlo）行銷部長黃佳瑩

漢來美食餐飲公司總經理林淑婷

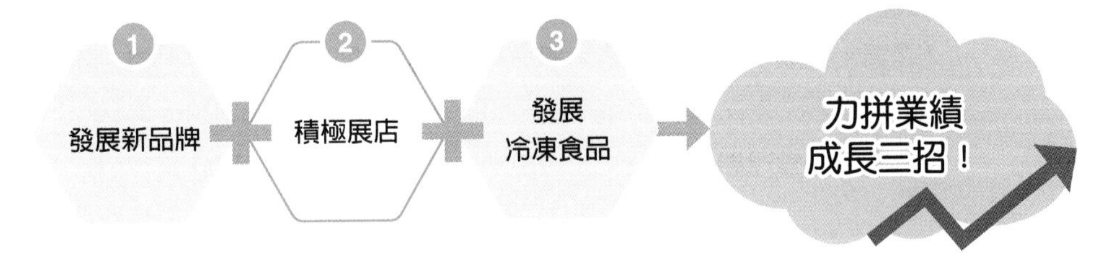

匯僑室內設計公司執行長楊信力

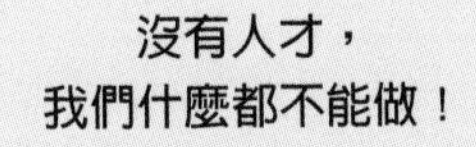

留住人才最重要！

喬山健康科技公司總經理羅光廷

公司之所以能夠
逐步成長

依靠的就是團隊！

嘉里大榮貨運公司董事長 沈宗桂

第13位

公司地位 國內前三大貨運公司，獲利率最高，堪稱國內最會賺錢的物流公司。

管理金句
「專做別人不做的事情，然後把它做到賺錢！」
「做沒人要做的事情，很多人說你怎麼那麼笨，但就是這樣利潤最高，因為難做、不好做！例如，醫藥物流就是案例！」

恆隆行代理公司董事長 陳政鴻

第14位

公司地位 國內最大家電、家用品進口總代理商，dyson戴森吸塵器為其代理產品，年營收達90億元。

管理金句
「只要產品對消費者有用，再小衆也能做到暢銷！」
「改變不是危險的，穩定不動才是最危險的狀態！」
「我們不做短線，我們只對消費者有真正價值的東西做好！」

德國默克大藥廠執行長 貝克曼

第15位

公司地位 全球有5、6萬名員工，業務遍及66國，年營收達148億歐元，是歐洲知名大藥廠之一。

管理金句
「鎖定潛力產業，積極併購同業，拓展版圖！」
「無論何時，都要將資源投注在最需要發展的事業上！」

元大金控總經理 翁健

第16位

公司地位 臺灣民營銀行排名第7名，資產規模達1.3兆元。

管理金句
「企業併購的目的，不外乎擴大市占率、經營多角化，實現經濟規模，而元大的併購過程，就是變大，還要變更好！」

嘉里大榮貨運公司董事長沈宗桂

事做別人
不做的事情！

然後把它
做到賺錢！

恆隆行代理公司董事長陳政鴻

改變不是危險的，
穩定不動才是
最危險的！

只要產品對消費者有用，
再小眾也能做到賺錢！

德國默克大藥廠執行長貝克曼

1

無論何時，
都要將資源投注在
最需要發展的事業上！

鎖定有潛力產業，
積極併購同業，
拓展版圖！

元大金控總經理翁健

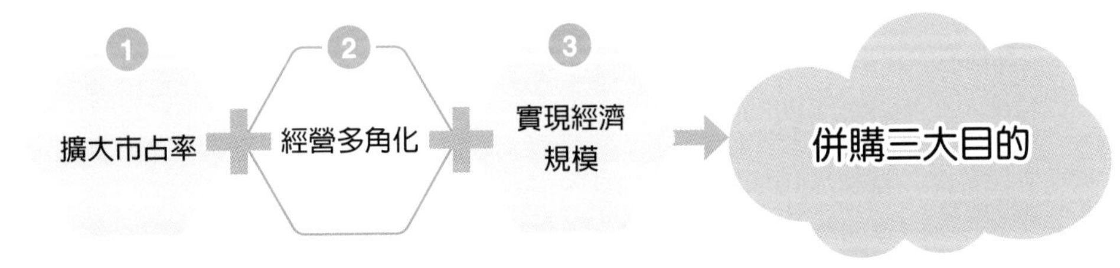

第17位 禾聯碩公司董事長 蔡金土

公司地位 臺灣最大本土家電公司，上市公司，年營收60億元，有家電股王之稱。

管理金句
「打造完備的價值鏈，讓對手看得到，學不來！」
「禾聯碩會堅守價格親民、產品好的優勢，鎖定最大宗的中層消費者，持續以多樣化商品，滿足消費者！」

第18位 全聯超市總經理 蔡篤昌

公司地位 全臺第一超市，有1,100家門市店，年營收達1,590億元。

管理金句
「當展店已經破1千店，若只抓緊老顧客的市場，勢必無法繼續成長；要創造出新的商品及新的附加價值，才能帶來新的客人！」
「如果我的生意要持續成長，我就不能只靠這些老顧客的消費！」

第19位 順益汽車代理董事長 林純姬

公司地位 國內最大商用車代理銷售公司。

管理金句
順益汽車代理公司的5大經營理念，就是：
1. 不斷革新，不墨守成規！
2. 面對未來，如履薄冰！
3. 堅持本業，永續經營！
4. 擴張布點，深化服務！
5. 說情無用，賞罰分明！

第20位 聯夏食品公司董事長 林慧美

公司地位 食品原物料供應商，專做B2B企業客戶，為一食品料理廠。

管理金句
「快，是不敗關鍵。我們的價值，就在提供創意與快速研發能力，讓企業客戶付出合理成本與我們合作！」
「當客戶提出新需求，往往我們都已經研發好了，等在那裡！」
「研發就像公司往前跑的汽油，汽油不加滿，怎會有力氣跑遠路！」

禾聯碩公司董事長蔡金土

打造完備價值鏈！→ 讓對手看得到、學不來！

全聯超市總經理蔡篤昌

1. 要創造出新商品及新附加價值，才能帶來新顧客！
2. 生意要成長，就不能只靠老顧客！

→ 業績持續成長！

順益汽車代理董事長林純姬

1. 不斷革新，不墨守成規！
2. 面對未來，要如履薄冰！
3. 堅持本業，永續經營！

聯夏食品公司董事長林慧美

1. 快，是不敗關鍵！我們的價值，就在提供創意與快速研發能力！

2. 當客戶提出新需求，往往我們都已經研發好了，等在那裡！

新光三越百貨公司副董事長 吳昕陽

第21位

公司地位	臺灣第一大百貨公司，全臺20個館，年營收800億，年獲利40億元。
管理金句	「發展新事業、新顧客、新渠道，是今年三大重點策略！」 「既有百貨事業，仍持續改裝，並導入新品牌，創造成長動能。我們一直很努力在積極布局未來！」

城邦出版集團首席執行長 何飛鵬

第22位

公司地位	全臺最大出版集團，商業週刊為旗下最知名週刊。
管理金句	「員工能把公司看成是自己的，主動積極為公司多賺錢，是經營公司的最高境界！」

牧德科技公司董事長 汪光夏

第23位

公司地位	已成為PCB領域光學檢測設備的龍頭廠商，年營收27億元。
管理金句	「視員工願景為公司目標，團隊同心，競爭力就會出來！」 「領先者不是跟別人Compete（比賽），而是跟自己，如果沒有推出新東西，後面就有人追上來！」 「先深耕產業，再向外擴張，建構前無敵手、後無追兵的強大堡壘！」 「發揮自身優勢，掌握客戶需求，打造領先競爭對手的產品！」 「要專注、深耕，才知道產業的下一步是什麼！」 「領導者謙卑，公司用心，員工就願意貢獻熱情與才能！」 「整個公司是一個團隊，團隊同心，力量就會出來。」 「先認清公司的優點及長處，不要拿缺點跟人家打，這樣沒有勝算！」 「公司資源有限，不可能包山包海，要把自己的長處展現出來！」 「人沒有準備好，就不要一天到晚想著投資、擴充！」 「技術領先當然很重要，要發揮自己的優勢，做出超越對手的產品，再來就是你的人願不願意付出，結合這三個部分，公司就成長起來了。」

華新醫材口罩董事長 鄭永柱

第24位

公司地位	全臺前三大口罩工廠，年產超過一億個口罩，外銷20多個國家。
管理金句	「在數量上可能贏不過別人，所以就要求變；運用創新與差異化，才能在激烈的市場競爭中存活下去！」 「要積極投入研發，使口罩種類多元化，並增加營收！」

新光三越百貨公司副董事長吳昕陽

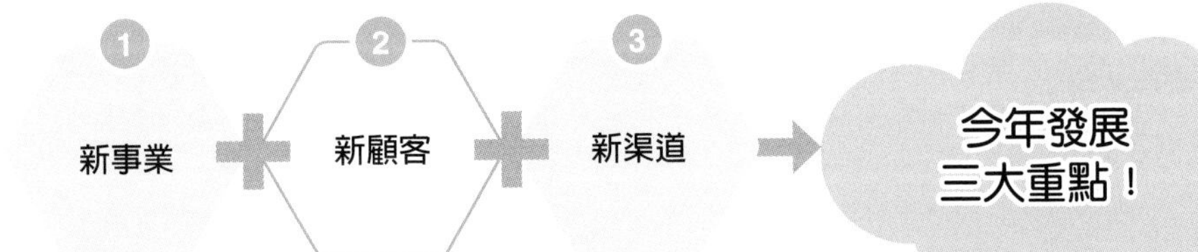

城邦出版集團首席執行長何飛鵬

員工能把公司看成是自己的，主動積極為公司賺錢！ → 是經營公司的最高境界！

牧德科技公司董事長汪光夏

1. 發揮自身優勢，掌握客戶需求，打造領先競爭對手的產品！
2. 要專注、深耕，才知道產業的下一步是什麼！
3. 整個公司是一個團隊，團隊同心，力量就會出來！
4. 要建構出前無敵手、後無追兵的強大堡壘！

華新醫材口罩董事長鄭永柱

第25位 寶鴻堂鐘錶公司董事長 陳秋堂

公司地位	位列臺灣三大鐘錶公司之一。
管理金句	「費心思裝潢等級提升，並堅守有溫度的服務！是不變的經營信條！」 「鎖定年輕族群，導入適合年輕人的國際名牌手錶！加速客群年輕化！」

第26位 日本日立會長 中西宏明

公司地位	日立集團是日本大型家電集團之一。
管理金句	「公司要廢除依年資排隊制，對專業人才，要依市場行情聘用，不可能所有人都一視同仁了！」 「依考核加給，用能力做評鑑！」 「讓員工思考，他們能為公司做出什麼貢獻！」

第27位 香港商World Gym世界健身公司董事長 柯約翰

公司地位	全臺最大健身中心，全臺111家門市店，年營收3億美元。
管理金句	「在臺率先採月費模式，再用國際化專業訓練，提升服務品質，增加會員忠誠度！（目前會員達60萬人）」 「World Gym和其他業者不同的地方，就是：持續創新。」

第28位 momo購物網董事長 林啓峰

公司地位	全臺第一大網購電商公司，上市公司，年營收800億元，股價超過1,000元。
管理金句	「快！是唯一無法破解的招式！天下武功，唯快不破！」 「momo成功的最根本一句話，就是物美價廉！即商品可多元選擇，價格又低價、便宜！」 「momo付款條件好，付給供貨商的票期比同業短！深受供貨商的支持、認同與合作！」 「momo有容許犯錯的企業文化，因此，員工能夠不斷提出創新的好方案！」 「momo全臺設立37個衛星倉儲及物流中心，確保全臺24小時快速到貨及大臺北區12小時快速宅配到家！」

寶鴻堂鐘錶公司董事長陳秋堂

鎖定年輕族群！ → 加速客群年輕化！

日本日立會長中西宏明

1 依考績加給！用能力做評鑑！

＋ 2 讓員工思考，他們能為公司做出什麼貢獻！

→ 公司競爭力提升！

香港商World Gym世界健身公司董事長柯約翰

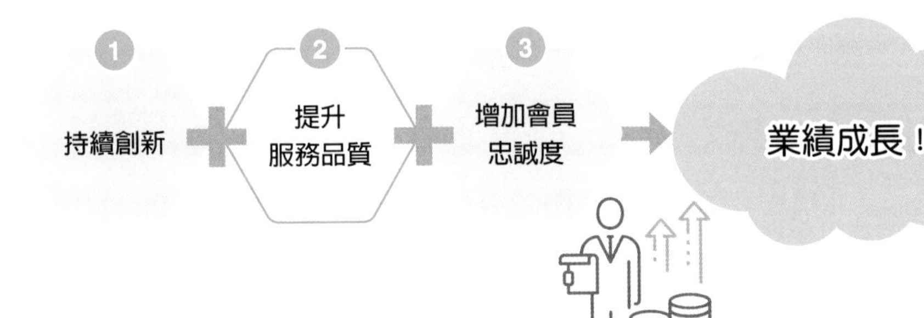

momo購物網董事長林啓峰

01 momo成功最根本一句話：就是物美價廉！

＋ 02 快！是唯一無法破解的招式！

→ 全臺最大購物網！

日本村田製作所董事長 村田恆夫

第29位

公司地位	全球被動元件陶瓷電容器龍頭，年營收達1.8兆日圓。
管理金句	「堅守技術堡壘，不斷提升產品的附加價值；並開發與衆不同的獨特產品為原則！」 「做總經理的人，就是要發揮員工的主動性、創造性、聰明才智及挑戰精神，並且充分對部下授權，讓員工找到工作的意義！」 「要重視人才，勇於給予權力，讓第一線的人做決定，才能因應快速變化的市場！」

崇越電通董事長 潘振成

第30位

公司地位	代理銷售臺灣及日本信越化學所生產的矽利光產品，是臺灣最大矽利光通路商。
管理金句	「提升材料附加價值，築起難以跨入的高牆！」 「發揮同理心做B2B業務，讓客戶賺，我們做通路的，才能獲利！」 「你自己如果不是第一名，怎麼做第一名、第二名的客戶！」 「要善待員工，要給員工好的薪資及獎金福利，最後一定是回饋給公司自己！」

薛長興公司董事長 薛敏誠

第31位

公司地位	專精於生產水類運動衣著，全球前十大水類運動品牌都是它的客戶，年營收107億。
管理金句	「挑最困難的事情做，讓競爭對手永遠趕不上！」 「憑著持續研發，掌握技術原料，累積了難以超越的成長動能！」 「自學研發關鍵材料，取得技術及成本優勢！」 「研發經費無上限！」 「打造上、中、下游一條龍供應鏈，和競爭者拉開實力差距！」

日本村田製作所董事長村田恆夫

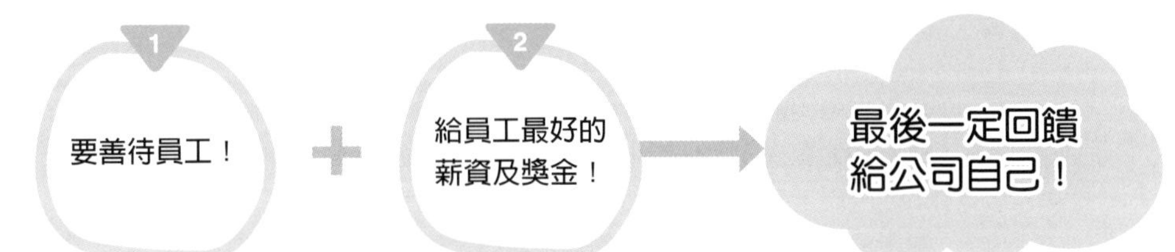

薛長興公司董事長薛敏誠

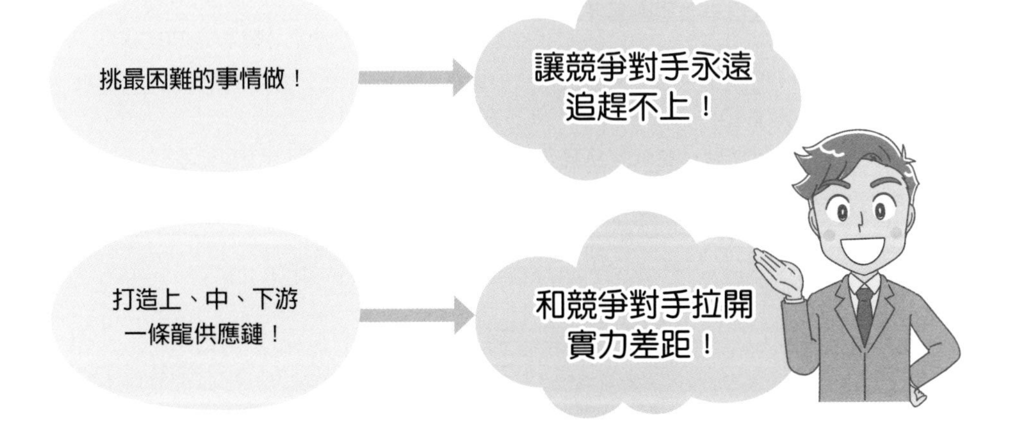

達方電子公司董事長 蘇開建

第32位

公司地位	上市公司，全球筆電鍵盤第一大廠，市占率超過30%，年營收280億。
管理金句	「領導者要有勇氣承擔未來！」 「公司的核心價值就是技術，永遠是第一位！」 「公司要看長期經營，短期不好，不代表長期不好！」 「不要以短期利益為導向，只看到成本，要深耕高技術領域才能長久！」 「打造品牌價值沒有捷徑，只能點點滴滴慢慢累積！」 「不要選需一次投入大量資源的新事業，要找風險穩健的！」

鬍鬚張董事長 張永昌

第33位

公司地位	主要販售魯肉飯，全臺72家分店，年營收16億元。
管理金句	「時刻思考組織未來規劃，就是超前部署的關鍵！」 「領導者要有擔當及勇氣，面對嚴酷現實，腳步不慌亂！」 「不要一直走老路，懂創新，才能抵達新地方！」 「要在危機還沒有發生前，就提早做好準備！」

台隆手創館董事長 黃教漳

第34位

公司地位	代理日本公司進來臺灣的領導品牌。
管理金句	「行銷要成功，就是要發現需求、滿足需求，最後就能做到創造需求！」 「無論製造業或服務業，關鍵都在最前端的研發！」

達方電子公司董事長蘇開建

01

領導者要有勇氣承擔未來！

02

公司的核心價值，就是技術，永遠是第一位！

03

不要以短期利益為導向，要深耕高技術領域，才能長久！

鬍鬚張董事長張永昌

不要一直走老路！

要懂創新，才能抵達新地方！

台隆手創館董事長黃教漳

第35位 全聯超市董事長 林敏雄

公司地位 全臺第一大超市，全臺有1,100家門市店，年營收達1,590億元。

管理金句

「便宜才是王道！訂出只賺2%的鐵律！」
「全聯要改的地方還很多，成長的空間也還很大！」
「看到別人失敗，我會研究別人是怎麼失敗的，才不會重蹈覆轍！」
「沒有培養人才就擴充，就像手掌裡的沙，是留不住的！」
「全聯我獨資買的時候，員工很多都留下來到現在，照顧員工、照顧消費者，東西不能賣貴，是我的堅持！」
「談管理之道，就是要充分授權，賺的錢，繼續投入人才與設備！」
「消費者不會永遠滿意，所以公司要永遠求進步！」
「不是第一名的，絕不考慮，要勇敢追求市場第一名，把它當成是不可迴避的使命感！」

第36位 車美仕公司總經理 賴宏達

公司地位 臺灣TOYOTA汽車廠的週邊零配件及導航系統供應商。

管理金句

「提早看見市場需求，走得比日本原廠還快！」
「未來要常勝，得讓自己無可取代！」
「必須做出無可取代的差異化，才能勝出！」

第37位 Netflix（網飛）公司執行長 海斯汀

公司地位 全球第一大OTT（串流影音媒體），全球訂戶數領先Disney+、HBO Max、愛奇藝等，目前全球訂戶數突破2億戶。

管理金句

「要創新，就別把公司當工廠管！」
「我們願意嘗試錯誤，犯一些錯誤，然後找到答案，這也是一種學習的文化！」
「用市場最高薪，換取最好的人才！」
「我們靠著全球化，把各國在地內容分享給全世界，而做得比別人更好！」

全聯超市董事長林敏雄

01

便宜才是王道！
訂出只賺**2%**的鐵律！

02

要充分授權！賺的錢，
要持續投入人才與設備！

03

消費者不會永遠滿意！
所以公司要永遠求進步！

車美仕公司總經理賴宏達

01

提早看見市場需求，
走得比日本原廠還快！

02

未來要常勝，得讓自己無可取代！
無可取代的差異化與獨特化！

Netflix（網飛）公司執行長海斯汀

01

用市場最高薪，
換取最好的人才！

02

從嘗試錯誤中，
得到學習與進步！

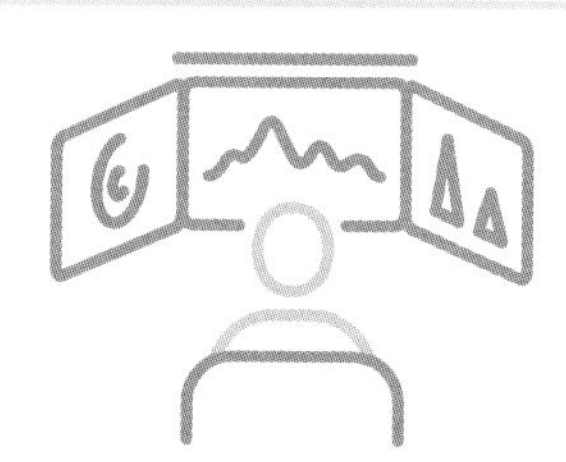

第38位　宏全國際總裁　曹世忠

公司地位	臺灣最大瓶蓋及保特瓶製造廠，年營收213億元。
管理金句	「事業是做出來的！不是講出來的！」 「自己要淘汰自己，等著讓人淘汰就來不及了！」 「企業發展要配合時代的轉變及社會與客戶的需求，不斷尋找新的機會；隨時要靈活應變，自己要去發掘，自己要去努力！」

第39位　臺灣國際航電（Garmin）董事長　高民環

公司地位	全臺知名導航及穿戴型裝置王國。
管理金句	「培育多條產品線，形成五大事業體！」 「經營企業，就要晴天做好雨天的準備！」 「現在有豐碩的果實可以吃，即是十年前種下的因！」 「我們的資源配置會思考現在、未來、與更未來的面向發展！」 「我們不會滿足於現在的成長，我們一直都有很多條線在布局！」

第40位　先勢公關傳播集團創辦人　黃鼎翎

公司地位	全臺第一大本土公關集團，服務超過600個品牌。
管理金句	「先累積出好口碑，客戶自然不請自來！我們有七成都是長期客戶！」 「所有事情都可以想辦法！」 「對員工，要給舞臺、給空間、給股份，鼓勵同仁成為公司的Owner（小股東）！讓同仁更有動力工作！」 「明確目標、快速迭代、決策快速、價值導向！」

宏全國際總裁曹世忠

自己要淘汰自己，等著讓人去淘汰就來不及了！

企業要不斷尋找新的機會，隨時要靈活應變！自己要去發掘，自己要去努力！

臺灣國際航電（Garmin）董事長高民環

1. 經營企業，就要晴天做好雨天的準備！

2. 我們的資源配置會思考現在及未來的發展！

3. 培育多條產品線，追求更成長！

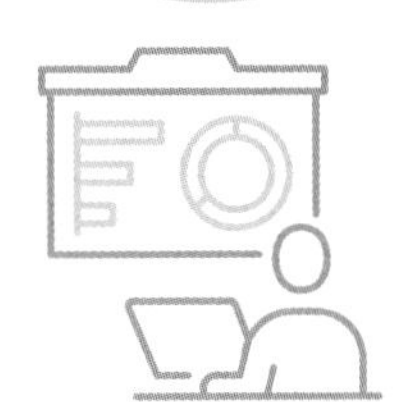

先勢公關傳播集團創辦人黃鼎翎

1. 先累積出好口碑，客戶不請自來！

2. 所有事情都可以想辦法！

3. 給同仁股份，鼓勵同仁成為公司的**Owner**（小股東）！讓同仁更有動力工作！

第41位 新光合纖董事長 吳東昇

公司地位	臺灣前三大化纖公司。
管理金句	「新光合纖下個50年，要持續在臺灣立足，就得向台積電看齊，往高値化、高毛利的路，持續創新！」 「經營企業，就如同騎腳踏車，永遠要踩著踏板往前行，儘管前行可能碰壁，但停滯肯定會倒下！」 「還得找出利基點，設法創新，並打造下一條成長曲線！」 「要讓員工擺脫包袱，大膽創新，每一步，要能容錯，在可承擔範圍內，放手讓員工嘗試！」

第42位 中磊電子公司董事長 王伯元

公司地位	中磊為國內知名網通產品工廠，年營收達439億元，為一全球化公司。
管理金句	「得人才者，得天下；人才是企業成功的根本！」 「對人的管理，強調用人唯才，把員工當家人！」 「要積極推動銷售、研發及生產的全球化布局！」 「董事長只是一份工作，就是負責帶領公司成長！」

第43位 玉山銀行董事長 黃男州

公司地位	臺灣最有成長潛力的新銳銀行。
管理金句	「如今局勢變化又快又急，最高領導人得在錯綜複雜卻資料有限的情況下，快速做出決策，然後不斷修正！」 「當領導人，要不斷學習，然後才能不斷成長！」 「接受創新的挑戰，但也要管控失敗的風險！」 「領導人要把握每一次轉機，走得更遠！」 「好的領導人要能兼顧所有利益關係人，包括董事會、股東、員工及社會大衆，創造最大的利益！」

新光合纖董事長吳東昇

向台積電看齊！

往高值化、高毛利的路，持續創新！

中磊電子公司董事長王伯元

1 得人才者，得天下！

2 對人的管理，強調用人唯才，把員工當家人！

3 董事長的工作，就是帶領公司成長！

玉山銀行董事長黃男州

01 領導人要把握每一次轉機，走得更遠！

02 當領導人，要不斷學習，然後才能不斷成長！

03 要快速做出決策，然後不斷修正！

第44位　大成集團董事長　韓家宇

公司地位	全臺最大農畜暨食品集團，年營收額達1,016億元。
管理金句	「檢討改革，當捨則捨；汰弱留強，勇於改革！」 「經營企業，要掌握五財優勢，即：技術財、機會財、品牌財、通路財、管理財！」 「強強聯手，找對策略伙伴，才能壯大！」

第45位　豐興鋼鐵公司董事長　林明儒

公司地位	臺灣前五大鋼鐵製造公司。
管理金句	「永遠要努力研發更高附加價值的新產品！」 「憑藉什麼讓企業不斷成長？即：軟體＋硬體。軟體就是人才，人才是企業經營的核心；硬體就是對生產設備的不斷改進及升級！」

第46位　花仙子執行長　王佳郁

公司地位	全臺最大香氛產品及家用清潔用品製造廠，年營收31億元。
管理金句	「透過與通路商緊密合作，開拓新產品與新客群，讓品牌年輕化！」 「經營企業，彈性及速度很重要！花仙子證明，老品牌也能走出一條新路出來！」

第47位　聯強國際總裁　杜書伍

公司地位	亞太第一大資訊、通訊、消費電子、半導體產品的通路集團，年營收4,000億元，事業涵蓋了51個國家。
管理金句	「當利潤愈薄，運作成本要更少，要去檢討每一個環節，有沒有做得非常有效率！」 「當公司或集團規模愈來愈大，要落實精實管理，砍掉不健康的生意！」 「經營企業，要以更有效率、更敏捷、更有彈性的向前持續邁進，創造集團的綜效（Synergy）！」 「突圍世界的20年心法，就是持續擴張，不斷精實！」

大成集團董事長韓家宇

01 檢討改革，當捨則捨！

02 汰弱留強，勇於改革！

豐興鋼鐵公司董事長林明儒

軟體

軟體就是人才！人才是企業經營的核心！

硬體

就是對生產設備的不斷改進及升級！

花仙子執行長王佳郁

經營企業，彈性及速度很重要！ → 老品牌也能走出一條新路出來！

聯強國際總裁杜書伍

01 要檢討每一個環節，有沒有做得非常有效率！

02 要以更敏捷、更有效率、更有彈性的向前持續邁進！

03 突圍世界的心法，就是持續擴張，不斷精實！

第48位 遠東集團董事長 徐旭東

公司地位	遠東集團是臺灣最多角化的集團，旗下有200家公司之多。
管理金句	「遠東集團的領導哲學根本，就是：不求急勝的穩哲學！」 「我不是站在後面站崗的，我是帶兵的！」 「我追求的創新，必是謹慎、有選擇的、穩健的創新！」

第49位 統一企業集團董事長 羅智先

公司地位	全臺最大食品飲料集團，上市公司，集團年營收額超過4,700億元。
管理金句	「我們很幸運，這幸運來自我們因為強調『穩定經營』！穩健經營，是我們招牌不倒的祕訣。」 「為了穩健，寧可犧牲成長，一旦基礎打好，就算不想要也會自動成長！」 「除了績效，我也很重視制度，我認為經營企業必須靠制度及系統，才能永續經營！」 「經營企業，不能一直用加法經營，使企業過多，必須用減法經營，把不賺錢的企業割捨掉！」 「唯一可能破壞統一穩定的就是安全，我只是擔心食安、工安、環安，這三安能做好，統一就不會出太大的事情！」 「穩健，是謀定而後動的積極管理，是可以創造出幸運的必要條件！」 「我們不急著開創新事業，而是在現有基礎上，持續強化及深化；從每天看似簡單的工作及流程，進行最大創新！」

第50位 麥味登執行長 卓靖倫

公司地位	全臺最大早餐連鎖店，計850家，年營收15億元，上櫃公司。
管理金句	「連鎖店經營要靠POS、ERP及APP資訊系統，才能提升效率！」 「持續開發出早餐新產品，才能提升營收額及績效！」

遠東集團董事長徐旭東

01

我的領導哲學根本，就是：不求急勝的穩哲學！

02

我不是站在後面站崗的，我是帶兵的！

03

我追求的創新，必是謹慎、有選擇的、穩健的創新！

統一企業集團董事長羅智先

01

穩健經營，是我們招牌不倒的祕訣！

02

必須靠制度及系統運作，才能永續經營！

03

穩健，是謀定而後動的積極管理，是可以創造出幸運的必要條件！

麥味登執行長卓靖倫

連鎖店經營 → **要靠POS、ERP、APP資訊系統，才能提升效率！**

第51位 全家福比麵包廠總經理 林純如

公司地位	全家便利商店轉投資的麵包工廠，年營收9億元。
管理金句	「便利商店能開發出差異化麵包商品，以商品力及高價值帶給消費者新鮮感！」 「咬牙砸17億元設廠，明星商品的誕生，靠不停的市調！做出消費者真正喜歡的麵包！」

第52位 基富食品公司董事長 李長基

公司地位	臺灣最大肉品加工廠，供應麥當勞、好市多等雞塊，年營收100億元。
管理金句	「週週研發，平均每週研發一道新品，目前旗下產品超過400項！」 「充分授權是我的領導心法，自己管理自己，不管什麼層次、不管哪個職位，你要覺得你是很自豪你的工作！」 「尊重人才，是我管理的第一法則；如果我天天告訴你怎麼做，你的表現只能做到我的高度而已！」 「開發出好產品，供貨麥當勞、好市多，他們競爭力強，我的市場也跟著大了！」

第53位 SOGO百貨忠孝館副總經理 吳素吟

公司地位	SOGO百貨忠孝館為全臺坪數最高的百貨公司。
管理金句	「百貨公司能贏過電商的，只有三樣，一是服務，二是體驗，三是國際知名品牌！」 「人流下滑，電商崛起，主力客又老化，營收難維持，必須進行美食街改造工程，以吸引年輕客層，這是必要的改裝！」 「美食街改造之後，坪數反而增加了，年輕客群也來了！」

全家福比麵包廠總經理林純如

明星商品的誕生，
靠不停的市調！

做出消費者真正喜歡
的麵包！

基富食品公司董事長李長基

1 尊重人才！

2 充分授權！

是我的管理
第一法則！

SOGO百貨忠孝館副總經理吳素吟

百貨公司能贏過電商的，
只有三樣

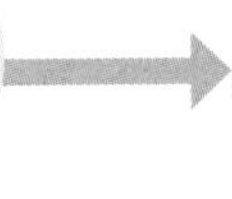

一是服務！
二是體驗！
三是國際知名品牌！

泰泉食品公司總經理 楊依隆

第54位

公司地位	包裝果乾全臺市占率第一，有七成市占率。
管理金句	「要贏就要差異化，必須在原料及工廠管理下功夫！」 「只要路是對的，就不要怕遙遠！」

旭榮紡織集團董事長 黃冠華

第55位

公司地位	全臺前三大紡織工廠之一。
管理金句	「在變動環境中，唯一不變的準則，就是企業如果要持續生存與成長，就別無選擇，必然得持續改變！」 「變動成了新常態，以前穩定求生存的時代，可能不會再回來了！」 「要洞察市場，要跟緊趨勢！」 「以前只要會賺錢就是好企業，但現在變了，現在更要有企業社會責任，要在ESG，也就是環境保護（E）、社會關懷（S）、公司治理（G）等三大面向，對所有利害關係人負責！」

巨大自行車董事長 杜綉珍

第56位

公司地位	全臺最大自行車內外銷工廠，年營收達818億元。
管理金句	「巨大的生產策略，從過去仰賴中國的低成本，因應國際趨勢轉變，已改為短鏈供應，亦即全球生產基地必須靠近當地消費市場！」 「一個中國供應全世界的時間，已經過去了！」

臺灣麥當勞董事長 李昌霖

第57位

公司地位	全臺最大速食連鎖店，全臺300店，年營收達250億元。
管理金句	「運用經營大飯店的經驗，拿來升級速食店，包括菜單升級及店型升級！」 「麥當勞規模比較大，競爭環境比較激烈，因此，決策速度必須很快！儘量依數據下判斷！」

泰泉食品公司總經理楊依隆

1 只要路是對的，
就不要怕遙遠！

要贏，
就要差異化！ 2

旭榮紡織集團董事長黃冠華

01
要洞察市場，
要跟緊趨勢！

02
變動成了新常態！

03
企業要持續生存
及成長，就必須
持續改變！

巨大自行車董事長杜綉珍

一個中國供應全世界
的時代，已經過去了！

現在必須改為
短鏈供應！生產基地
必須靠近消費市場！

臺灣麥當勞董事長李昌霖

麥當勞競爭環境
比較激烈

因此，
決策速度必須很快！
儘量依數據下判斷！

第58位 橘色火鍋店執行長 袁保華

公司地位	臺北火鍋界LV之稱。
管理金句	「顧客至上，是橘色火鍋店的核心信念！安全感與信任感的建立，是我們永遠追求的基石！」 「留下一個客人很難，但丟掉一個客人太容易，得罪客人是我最不能接受的事！」

第59位 全家便利商店董事長 葉榮廷

公司地位	全臺第二大便利商店，有4,000家連鎖店，年營收超過800億元。
管理金句	「要隨時觀察環境的變化及趨勢，要對迅速的變化，做出快速及時的對應！」 「變化趨勢觀察的要訣有三，一是追踪過去的消費紀錄；二是觀察海外的作法；三是研讀各類型報告與調查！」 「零售業沒有成功方程式，且現在的成功，不會是未來競爭力來源！」 「過去，強調產品CP值，現在則變成CE值（Consumer Experience），從視覺、氛圍、氣味、感受等打造消費者美好體驗！」 「我們努力打造出全家＝創新的企業DNA！」

第60位 築間集團董事長 林楷傑

公司地位	全臺知名火鍋店及燒肉店連鎖店。
管理金句	「即使在最低潮，我們仍堅持用最好品質，賣合理價格！」 「連鎖店營運要擴張，就必須靠SOP標準化、制度化，去運作！」

橘色火鍋店執行長袁保華

全家便利商店董事長葉榮廷

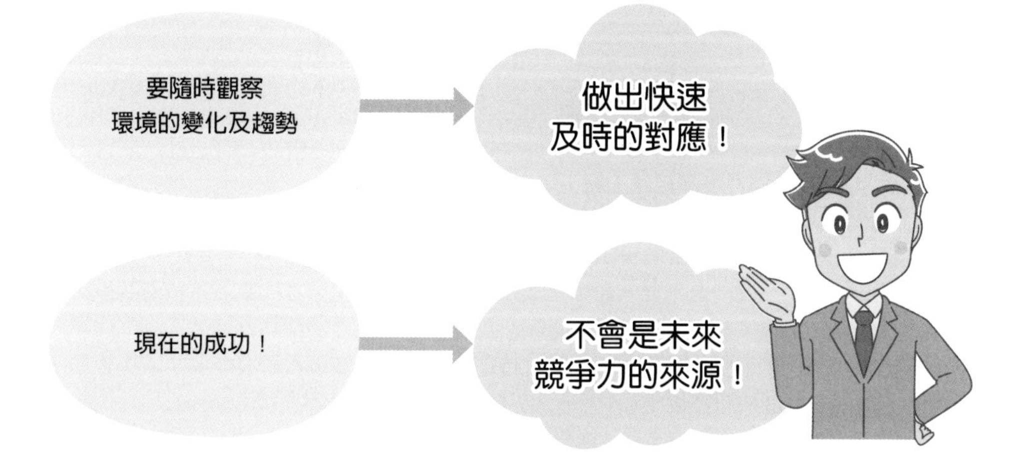

築間集團董事長林楷傑

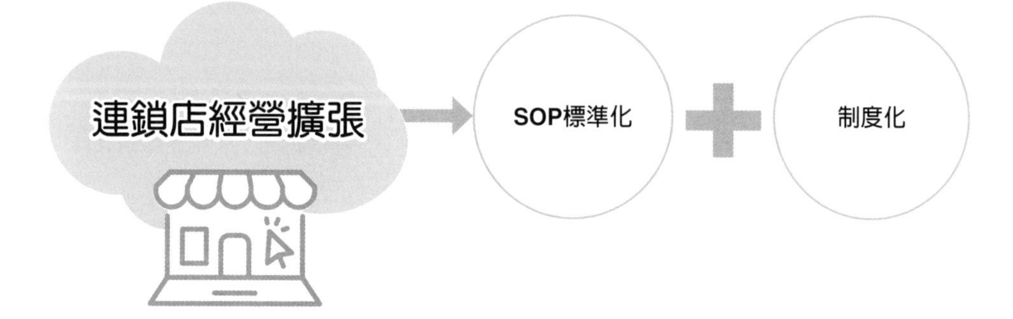

第61位

臺灣松下集團總經理 林淵傳

公司地位	全臺最大家電品牌（Panasonic），年營收350億，電冰箱、洗衣機市占率均居第一名。
管理金句	「永不滿足，好還要更好！」 「今天講的事，明天會變，但這是秉持一個好還要更好的思維；照老樣做，業績絕對不會更好！」 「企業要長期獲利經營，就必須往高附加價值領域位移才行！」 「在管理上，要儘量讓溝通及組織透明，員工自然會減少猜疑，全心衝刺工作！」 「不要拒絕員工的提議，才不會熄滅部屬的熱情！」 「要充分利用集團內各公司的資源，才能創造綜效（Synergy）！」

第62位

英利汽車零件公司董事長 林啓彬

公司地位	全球汽車零組件工廠，年營收超過200億元。
管理金句	「第一時間要解決B2B客戶需求，讓客戶長期信賴。」 「不進則退，要一直積極投入研發，才能領先，才不會陷入殺價競爭市場！」 「未來要朝向高附加價值，技術比較高的領域投入研發能量！掌握更多的核心技術！」

第63位

恆隆行創辦人 陳德富

公司地位	全臺最大進口代理商，dyson戴森公司為其代理，年營收額達90億元。
管理金句	「產品不怕賣貴，就怕沒特色！」 「高價產品更要有快速維修！」 「暢銷產品誕生的三要件，一是產品好，二是行銷強，三是售後服務快速！」

臺灣松下集團總經理林淵傳

永不滿足，
好還要更好！

照老樣做，
業績絕對不會更好！

01 在管理上，要儘量讓溝通及組織透明！

\+

02 員工自然會減少猜疑，全心衝刺工作！

英利汽車零件公司董事長林啓彬

要一直積極投入研發，
才能領先！

才不會陷入殺價競爭！

恆隆行創辦人陳德富

01 產品好 + 02 行銷強 + 03 售後服務快

暢銷產品誕生！

第64位

益森彩藝鮮食包材公司董事長 洪曙州

公司地位	全臺超商鮮食包材市占率第一，專做B2B超商生意，年營收額15億元。
管理金句	「滿足客戶的需求，才是我們的價值，否則，生意就不存在了！所以，要不斷創造自己價值！」 「益森公司一直在進步，也很重視客戶需求，超商很願意給訂單！」 「我們賣的不僅是製造，更是賣服務，隨時幫客戶解決問題！」 「我們犧牲短期利益，換取客戶黏著的長期利益！」 「一切都要超前部署投資，將快做到極致！」

第65位

瓦城餐飲公司董事長 徐承義

公司地位	全臺最大東方菜系連鎖業者，年營收額42億元。
管理金句	「疫情當下，我們不斷測試，不能準備到100分才做，而是80分就要去試，有些成功，有些失敗！」 「我們不斷透過數據來修正決策，但這速度要快！」

第66位

NET服飾公司董事長 黃文貞

公司地位	為本土最大服飾連鎖店，全臺150家門市店，年營收80億元。
管理金句	「長期以來，NET展店布點的原則，就是不斷追求進步，調整體質！」 「NET的三大發展策略，就是：(1)全客層定位；(2)商品款式豐富；(3)價格平價實惠。」 「商品與價格是競爭的法門，因此，NET除款式多外，始終堅持平均單價落到三～四百元之間，用高CP值緊拴住家庭及小資上班族等的心！」 「直到現在，我們對競爭對手推出的服飾樣式及風格市場接受度如何，均走在第一線觀察，保持對市場的靈敏度及學習心態！」

益森彩藝鮮食包材公司董事長洪曙州

滿足客戶的需求，
才是我們的價值！

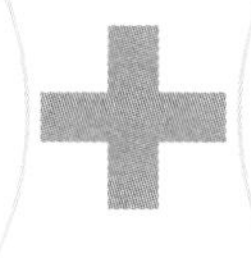

所以，要不斷創造
自己的價值！

瓦城餐飲公司董事長徐承義

01

不能準備到**100**分才做！而是
80分就要去試！然後再修正！

02

要不斷透過數據來修正決策！
但這速度要快！

NET服飾公司董事長黃文貞

1

商品與價格是
競爭的不二法門！

2

不斷追求進步！
調整體質！

3

走在第一線觀察，
保持對市場的
靈敏度及學習心態！

台積電公司前董事長 張忠謀

第67位

公司地位	全球最大晶片半導體製造及研發公司，全臺最大市值公司。
管理金句	「企業最重要的三大根基，即：願景、企業文化、策略！」 「建立公司五大競爭障礙，即：成本、技術、智產權、服務及品牌！」 「領導人的三大功能，即：給方向、找出重點、想出解決問題的新方法！」 「經理人應該培養的終生習慣，即：觀察、學習、思考與嘗試！」 「只要做到領先技術與領先創新，就可以提高產品的附加價值及提高售價！」

鴻海集團創辦人 郭台銘

第68位

公司地位	全球最大手機製造代工廠。
管理金句	「鴻海的四大快速哲學，即：決策快速、執行快速、製造快速，研發快速！」 「鴻海執行力三要件：速度（快）＋準度（準確）＋精度（精實）。」 「成功的途徑：抄、研究、創造、發明！」 「好的人才，要有三心，即：責任心、上進心、企圖心！」 「發展的根本，建立在隨時應變、立即應變的執行能力上！」 「主管的四件大事：⑴定策略；⑵建組織；⑶布人力；⑷置系統。」 「鴻海管理制度的四化：合理化、標準化、系統化、資訊化！」 「企業沒有景氣問題，只有能力問題！」

台積電公司前董事長張忠謀

01

企業最重要的三大根基：願景、企業文化、策略！

02

建立公司五大競爭障礙：成本、技術、智產權、服務及品牌！

03

領導人的三大功能：給方向、找出重點、想出解決問題的新方法！

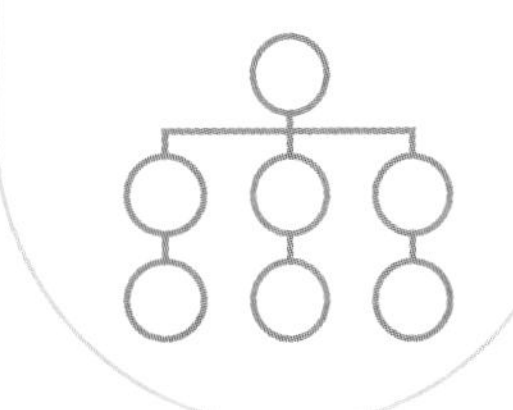

鴻海集團創辦人郭台銘

01

執行力三要件：速度＋準度＋精度

02

發展的根本，建立在隨時應變、立即應變的執行能力上

03

主管的四件大事：定策略、建組織、布人力、置系統

第69位　統一超商前總經理 徐重仁

公司地位	全臺最大便利商店，當時有6,600家店，年營收額1,700億元。
管理金句	「領導者的四個任務： (1) 領航者要知道船開往哪個方向及目標！ (2) 要是一個當責的人！ (3) 你自己一定要有遠見！ (4) 要正派透明經營！」 「企業一定要有危機感！」 「企業長青的關鍵，在於創新與突破！」 「要隨時思考第二條、第三條成長曲線！」 「市場沒有消失，只是重分配！」 「顧客不方便、不滿意的地方，就是商機！市場的縫隙商機，永遠存在！」 「庶民經濟時代來臨了！」 「顧客滿意為事業成功的關鍵！」 「領導者必須眼光放遠，看到未來的趨勢需求，甚至是消費趨勢的主動創造者！」 「堅持品質是長期的功課！」

第70位　鼎泰豐董事長 楊紀華

公司地位	全臺知名小籠包、麵食餐廳連鎖店。
管理金句	「堅持現場數據主義，從細節找出關鍵環節！」 「從員工日誌及數據報表中看出問題！」

第71位　美國亞馬遜電商董事長 貝佐斯

公司地位	全球最大電商網購公司。
管理金句	「堅持顧客至上！以顧客為念！把顧客放在利潤之前！」 「亞馬遜要做的是長期的事！要採取長期思維，不要短視短利！」 「敢於革自己的命！對顧客永遠關注！」 「重視數據！善用資料做決策！」 「永遠保持創業第一天的心態！」（day 1）

統一超商前總經理徐重仁

1. 領導者要知道船開往哪個方向！
2. 領導者自己一定要有遠見！
3. 領導者要正派透明經營！

企業長青的關鍵，在於創新與突破！ → 要隨時思考第二條、第三條成長曲線！

鼎泰豐董事長楊紀華

堅持現場數據主義！ → 從細節找出關鍵環節！

美國亞馬遜電商董事長貝佐斯

1. 敢於革自己的命！對顧客永遠關注！

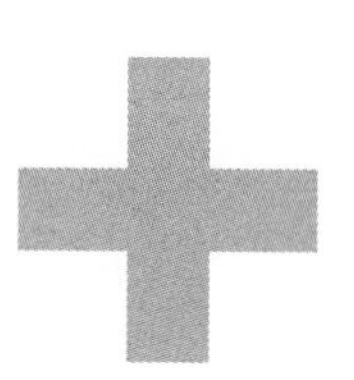

2. 要採取長期思維，不要短視短利！

第72位 日本京瓷集團董事長 稻盛和夫

公司地位	日本知名、大型企業集團之一，其董事長有日本經營之神稱號。
管理金句	「不安於現狀，要經常從事創造性工作！」 「領導者要站在最前線，不要把一切全部交給第一線！」 「要制訂高遠目標，並全力做好每一天！」 「企業必須是因應市場變化的靈活組織！」 「用人，必須採取實力主義，找出有實力的人才出來，企業就會成功！」 「公司必須實現全員參與管理！」 「每位員工都必須帶著完成預定目標的強烈意志與執行力！」

第73位 香港長江企業集團創辦人 李嘉誠

公司地位	李嘉誠為香港首富及知名企業家。
管理金句	「成功就是不斷的學習！要堅持學習！」 「經營企業，要善於把握時機！」 「成功的企業，需要優秀團隊！」 「責己以嚴，樹立榜樣，恩威並施，寬嚴並行！」 「思考有多遠，就能走多遠！」

第74位 臺灣高鐵前董事長 江耀宗

公司地位	臺灣高鐵為臺灣唯一高速鐵路，平均每日載客達18萬人之多，現已轉虧為盈。
管理金句	「在逆境中不能驚慌，要有信心度過危機，因為我們是準備好的，所以結果才能超乎預期！」 「高鐵追求的是長期營運，組織及制度都必須不斷優化，而公司治理更是堅持的大原則！」 「謀定而後動及執行力是我管理的重點！」 「每個計劃推動之前，都要從第一線的基層人員開始匯整意見，經過層層專業意見的改進調整，最後再報到管理階層，如此的決策過程，才會更加完善！」

日本京瓷集團董事長稻盛和夫

01
要制訂高遠目標，
並全力做好每一天！

02
企業必須是因應
市場變化的靈活組織！

03
用人，必須採取實力主義，找出有實力的人才出來，企業就會成功！

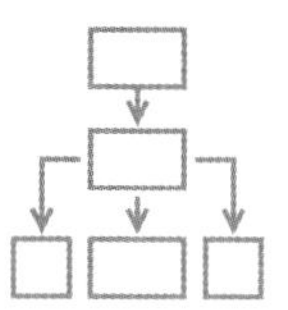

香港長江企業集團創辦人李嘉誠

成功就是不斷的學習！
要堅持學習！

成功的企業，
需要優秀團隊！

臺灣高鐵前董事長江耀宗

1 謀定而後動及執行力，是我管理的重點！

2 在逆境中不能驚慌，要有信心度過危機！

第75位 遠東巨城購物中心董事長 李靜芳

公司地位	桃竹苗地區最大的購物中心，每年到訪人次數達1,500萬人次，年營收130億，臉書累積超過270萬打卡數。
管理金句	「我們的客層定位是全家庭的最佳桃竹苗區購物中心！」 「依照消費者喜好，滾動式調整櫃位，每年品牌調整率達25%！確保每個專櫃都是消費者喜歡及有需求的！」 「巨城每月平均舉辦20場活動，吸引各種階層、各種偏好的消費者來這裡！」 「巨城不只是購物而已，而是能創造溫度及回憶，讓當地人都能吃喝玩樂的好地方！」

第76位 日本優衣庫服飾董事長 柳井正

公司地位	日本最大服飾連鎖店，全球第三大服飾公司。
管理金句	「過去我們身為生活服飾品牌，豐富了顧客的生活；現在起必須成為對社會有貢獻的品牌，才能繼續存活！」 「現在企業必須以永續經營為核心，要對社會、對環保善盡企業社會責任！」

第77位 foodpanda亞太區執行長 Angele

公司地位	全臺最大美食及生鮮雜貨外送平臺。
管理金句	「自從今年喊出快商務營運策略後，我們便把速度快這件事情發揮得淋漓盡致，30分鐘內，就把美食及生鮮雜貨送到府！」

遠東巨城購物中心董事長李靜芳

依照消費者喜好，
滾動式調整櫃位！

我們的客層定位是
桃竹苗的全家庭！

巨城不只是購物，
而是能創造溫度及回憶！

日本優衣庫服飾董事長柳井正

企業必須以
永續經營為核心

要對社會善盡
企業社會責任！

foodpanda亞太區執行長Angele

快商務營運策略！

30分鐘內，把美食及
生鮮雜貨送到府上！

大樹藥局連鎖店董事長 鄭明龍

第78位

公司地位	臺灣最大藥局連鎖店，店數243家，年營收112億，為上市公司。
管理金句	「我們以零售業為師，不斷優化坪數，就是大樹成長的最主要關鍵！」 「我們坪數高，是因為我們針對商品加以分類，並嚴格執行汰弱留強！」

加拿大鵝公司執行長 萊斯

第79位

公司地位	全球知名高價羽絨長外套，公司在加拿大。
管理金句	「你要非常、非常清楚自己品牌的價值及優勢在哪裡！」 「研發、製造、行銷與銷售，環環相扣，並堅持加拿大製造，才能打造今天的市場高價地位！」

珍煮丹手搖飲連鎖店董事長 高永誠

第80位

公司地位	國內知名手搖飲連鎖店，以珍珠奶茶為主力產品。
管理金句	「品牌最強的宣傳力道，還是好產品！透過顧客口耳相傳建立起的好口碑會更為紮實！」 「其實要成為什麼品牌，也不是自己說的算，而是必須要做到很深層，讓消費者能感受到，由外界來認定我們是什麼品牌！」

臺灣優衣庫執行長 黑瀨友和

第81位

公司地位	臺灣優衣庫在臺設有60家大店，與本土NET服飾，並列為國內服飾業第一名。
管理金句	「優衣庫能長年獲得臺灣消費者的喜愛，主要祕訣就在於VOC（Voice Of Customer，傾聽顧客聲音）。」 「VOC是優衣庫的經營核心，每個月都搜集超過一萬筆顧客回饋數據，並建立大數據資料庫，為的就是能貼近消費者的需求與偏好！」 「臺灣優衣庫會從五大管道搜集顧客的意見回饋：⑴第一線門市店現場顧客訪問；⑵隨機問卷調查；⑶手機會員留言；⑷專業委託的市調；⑸客服中心的意見。」 「就是因為重視顧客心聲，進而掌握顧客的喜好，才讓優衣庫在臺灣，獲得不少忠實粉絲的支持；我們有10%的業績，是由2%顧客創造的！」 「我們要努力成為深受臺灣民眾喜愛的品牌，我的使命，就是讓臺灣優衣庫做到真正的在地化！」

大樹藥局連鎖店董事長鄭明龍

對商品汰弱留強，
不斷提高坪效！

大樹成長
最主要關鍵！

加拿大鵝公司執行長萊斯

堅持加拿大製造！
發揮自己品牌優勢！

創造今天全球
市場高價地位！

珍煮丹手搖飲連鎖店董事長高永誠

臺灣優衣庫執行長黑瀨友和

明昌國際公司董事長 張庭維

第82位

公司地位	臺灣工具箱龍頭，產品銷售70多國，年營收24億元。
管理金句	「公司要改革，不是靠員工，而是靠老闆的決心，革新要先革自己做起！」 「這是最好的時機，因為大家沒那麼忙，而且有危機感；等危機過去時，我們也準備好了！」

PChome網購董事長 詹宏志

第83位

公司地位	全臺第二大電商公司，僅次於momo購物網。
管理金句	「任何公司成功決勝點，就是能否提供不可取代的價值與商品是否夠獨特！」

臺灣Jins快速配鏡公司總經理 邱明琪

第84位

公司地位	臺灣時尚快速配鏡領導品牌。
管理金句	「如果遵循既定框架，成果可想而知，若能破框思考，才可能有意外收穫！」

宏亞食品公司董事長 張云綺

第85位

公司地位	國內知名食品公司，主力品牌有77乳加巧克力、新貴派、禮坊等三品牌。
管理金句	「要成為好品牌，就得持續吸引年輕人才行；我們得更貼近消費者，減少製造商語言！」 「我們一直在轉型，努力在消費者心中持續占有地位！」 「開發任何新商品，必須回歸市場有沒有需求！我們在臉書專頁可先做消費者測試，看反映如何！」

明昌國際公司董事長張庭維

1 公司要改革，不是靠員工，而是靠老闆的決心

＋

2 革新要先革自己做起

→ 改革成功！

PChome網購董事長詹宏志

1 提供不可取代的價值

＋

2 商品具獨特性

＝ 具十足市場競爭力！

臺灣Jins快速配鏡公司總經理邱明琪

如果遵循既定框架，成果可想而知！

→ 若能突破框架思考，才可有意外收穫！

宏亞食品公司董事長張云綺

1 開發任何新商品，必須回歸市場有沒有需求

＋

2 要更貼近消費者，減少製造商語言

＋

3 努力在消費者心中，持續占有地位

第86位　臺灣海尼根啤酒公司總經理　鄭健發

公司地位　臺灣進口啤酒第一名市占率，僅次於本土台啤公司。

管理金句　「消費者是驅動創新的核心，生活中有很多想喝酒，卻不能喝酒的場景與時機，這些就是我們拓展無酒精啤酒的機會！」

第87位　聯發科技公司董事長　蔡明介

公司地位　全臺IC設計公司領先公司。

管理金句
「要在重要領域上達到技術領先，獲得市場成功！」
「核心還是你的競爭力，東西做得出來，人家喜歡、會用，才是重點！」
「避免團隊浪費時間，請聚焦創造價值的事！」
「如今環境變數太多，領導者得戒掉威權領導，適時授權，才能讓第一線員工更加當責及靈活應變！」

第88位　呷七碗董事長　李東原

公司地位　油飯、肉粽、年菜的領導廠商，年營收4億元。

管理金句
「經營企業，就是必須跑在趨勢前頭，超前挑戰！」
「成功，就是要永遠忘記背後，努力向前！」

第89位　商業周刊總編輯　曠文琪

公司地位　國內最大財經商業雜誌。

管理金句　「未來的世界，人得像球隊一樣作伙打仗，才能走下去！我們不要少數冠軍，而是要大家都是冠軍，一群人的冠軍！」

臺灣海尼根啤酒公司總經理鄭健發

消費者 → 才是驅動創新的核心！

聯發科技公司董事長蔡明介

01 要在重要領域上達到技術領先

02 東西要做得出來！人家喜歡、會用，才是重點

呷七碗董事長李東原

01 經營企業，就是必須跑在趨勢前頭，超前挑戰！

02 成功，就是要永遠忘記背後，努力向前！

商業周刊總編輯曠文琪

我們不要少數冠軍！

要團隊一起作戰！ → 而是要一群人的冠軍！

第90位　美國迪士尼前執行長 羅伯特・艾格

公司地位	全球知名的電影、樂園娛樂集團。
管理金句	「冒險的基礎是要有勇氣，在求新、求變、破壞式創新的企業中，冒險是不可或缺，創新至為重要！」 「要把時間、精力及資源花在最重要及最有價值的策略、問題及計劃上，因此必須經常且清楚的傳達你的優先事項！」

第91位　日本無印良品前董事長 松井忠三

公司地位	日本最大生活雜貨連鎖店。
管理金句	「好制度，可讓工作事半功倍！」 「策略二流無妨，只要執行力一流就行！」 「根據顧客意見，打造暢銷商品！」

第92位　雲品大飯店集團董事長 盛治仁

公司地位	國內知名連鎖大飯店集團。
管理金句	「SOP（標準作業流程）只是最低標準！」 「推動創新有三大階段，一是理念宣導，二是制度化運作，三是成為組織文化！」

第93位　李奧貝納廣告集團總經理 黃麗燕

公司地位	李奧貝納為國內最大外商廣告集團，專長為電視廣告片企劃製作。
管理金句	「要創造對價值的想像，突破對提高價格的恐懼！」 「只要產品真的夠好！就能創造價值！」 「全員及顧客，要一起思考如何提升產品價值！」 「打造品牌要有3個重點，一是要有品牌願景，二是要有品牌使命，三是要能創造品牌價值！」

美國迪士尼前執行長羅伯特．艾格

在求新、求變、破壞式創新的企業中！

冒險是不可或缺的！創新至為重要！

日本無印良品前董事長松井忠三

1 好制度，可讓工作事半功倍

2 要根據顧客意見，打造暢銷商品

雲品大飯店集團董事長盛治仁

李奧貝納廣告集團總經理黃麗燕

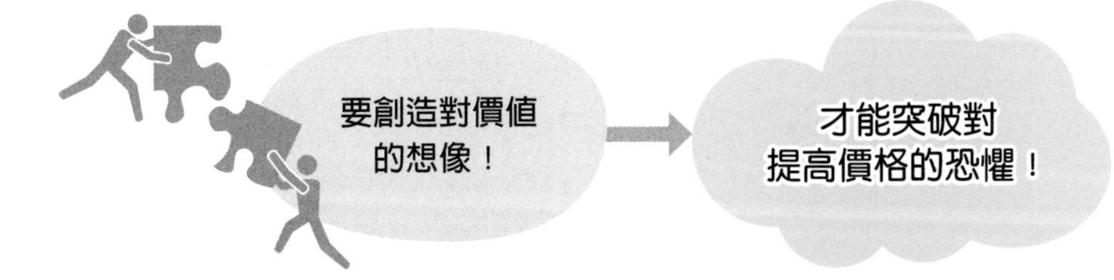

第94位 老協珍公關協理 丁懿琪

公司地位 老協珍為國內知名佛跳牆、熬雞精、年菜製造商。

管理金句
「公司業績要成長，就要朝多元化、多樣化產品策略發展！」
「產品策略要抓緊消費者飲食習慣的改變！」
「銷售通路要朝線上＋線下的全通路布局！」
「老協珍找到對的代言人（郭富城＋徐若瑄），能夠產品品牌爆紅，業績也能成長！」

第95位 桂冠火鍋料董事長 林正明

公司地位 國內最大湯圓及火鍋料製造商。

管理金句
「我們不做價格競爭，只做價值競爭！我們用好的食材、嚴謹品質、食物好吃等價值來競爭！」
「任何事情，只要有50%以上把握，就可以下去做！可以邊做、邊修、邊改，就會愈做愈好！不必等到100%完美再做，此時商機都被別人搶走了！」
「只要路是對的，就不要怕遙遠！就去做吧！」

第96位 曼都美髮院連鎖董事長 賴淑芬

公司地位 國內知名美髮院連鎖公司。

管理金句
「老闆要永遠走在最前面！」
「只要是對公司有利的事，就要去做、去嘗試、不斷去修正，直到做出效果為止！」

老協珍公關協理丁懿琪

1 公司業績要成長，就要朝多元化、多樣化產品策略發展！

2 產品策略要抓緊消費者飲食習慣的改變！

桂冠火鍋料董事長林正明

01

我們不做價格競爭！
我們只做價值競爭！

02

任何事情，只要有**50%**以上把握，就可以下去做！可以邊做、邊修、邊改，就會愈做愈好！

曼都美髮院連鎖董事長賴淑芬

老闆要永遠走在最前面！

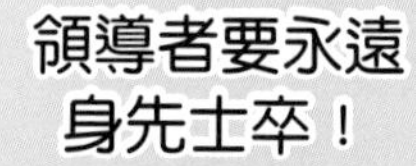

領導者要永遠身先士卒！

第97位　屈臣氏美妝連鎖總經理　弋順蘭

公司地位　全臺最大美妝、藥妝連鎖店。

管理金句
「在消費者需要的時候，我們都可以及時滿足她們！」
「你沒有進步，在原地就是退步！」
「每一項決策背後，都要有數據分析做依據！」

第98位　全家便利商店總經理　薛東都

公司地位　全臺第二大便利商店，店數達4,000家。

管理金句
「為了生存，我們必須讓商品更有特色及更優質！」
「商品要差異化！才是逆勢突圍不二法門！」

第99位　日本7-11前董事長　鈴木敏文

公司地位　全球最大便利商店，日本店數達2萬家。

管理金句
「顧客的需求在哪裡，產品及服務就應該在哪裡！」
「一切以顧客價值為導向！」
「不斷優化產品組合，才能拉升業績！」

屈臣氏美妝連鎖總經理弋順蘭

1 在消費者需要的時候，我們都可以及時滿足她們

2 你沒有進步，在原地就是退步

全家便利商店總經理薛東都

商品差異化！ → 逆勢突圍不二法門！

日本7-11前董事長鈴木敏文

一切以顧客價值為導向！ → 顧客的需求在哪裡，產品及服務就應該在哪裡！

〈結語1〉企業經營領導致勝必懂的206個重要觀念總歸納

1. 企業最重要的三大根基：願景、文化與策略。
2. 建立公司五大競爭障礙：成本、技術、法律、服務與品牌。
3. 領導人最重要的功能：給方向！找出重點！想出解決問題的新方法。
4. 成功的領導，強勢而不威權。
5. 經理人應該培養的終生習慣：觀察、學習、思考與嘗試。
6. 企業要有流體型的組織，隨時保持彈性、機動與應變。
7. 董事會是公司治理的樞紐。
8. 董事會應該要有獨立、認真、且有能力。
9. 主管要能「告知」屬下弱點，並「塑造」員工，讓員工更強。
10. 要拔擢對公司有具體重大貢獻的人才。
11. 經營者要把外面世界的變化，帶到公司內部來，大家一起面對挑戰。
12. 唯有提高產品與服務的附加價值，才能提高價格及利潤。
13. 要提高附加價值，必須做到技術領先及創新領先。
14. 創新是經營核心中的核心。
15. 正確的經營策略，可使公司領先競爭對手，並且穩定成長下去。
16. 領導者必須具有前瞻與明確方向的領導力。
17. 企業必須具有決策力與執行力的快速能力。
18. 不身先士卒的領導就是不成功的領導。
19. 執行力就是指速度、準度、與精度的全面貫徹。
20. 企業成功的途徑：抄、研究、創造、發明。
21. 人才的三心：責任心、上進心、企圖心。
22. 有責任心的主管，做事遇到困難，他必會千方百計去克服。
23. 企業發展的根本，是建立在「隨時應變」的執行能力上。
24. 主管每天要做什麼？即：定策略、建組織、布人力、置系統。
25. 管理制度的四化，即：合理化、標準化、系統化、資訊化。
26. 企業沒有景氣問題，只有能力問題。
27. 決策的錯誤，是浪費與損失企業資源。

28. 任何組織的工作精神，即：合作、責任、進步。

29. 企業經營應該照顧到員工的福利與利益。

30. 企業應努力打造出一個值得信賴的企業。

31. 堅持低價、微利，只賺2%。企業要負起社會責任。

32. 企業經營從照顧民眾出發。

33. 企業的成功，首在發展方向正確。

34. 組織的團隊協力合作，是企業經營成功的DNA。

35. 用最快的速度做對的事，天下事，唯快不破。

36. 「速度」已經成為現代企業經營的重要變數。

37. 唯有「快速」，才能趕上市場的變動及激烈競爭。

38. 速度決勝，唯快不破，搶占先機。

39. 凡事不必求100分完美才行動。當到100分時候，時機已經過了。

40. 可以邊做、邊修、邊改，快速修正，會愈做愈好。

41. 任何主管都必須對數字敏感，都要有「數字管理」的重要概念。

42. 任何的想像、任何的規劃、任何的決定，都儘可能要數字化。

43. 有了數字，才可以判斷，才可以下正確的決策及指示。

44. 企業營運必須以「數字」為核心指標。

45. 每月損益表是老闆及中高階主管，每月必看的財務報表，才知道每月是盈是虧。

46. 數字管理就是針對每天、每週、每月、每季、每半年、每年的數字進行比較分析、研討，並策訂強化方案。

47. 能為公司解決問題的人，就是最有價值的人才。

48. 一個好的工作者，一定要培養出解決問題的能力。

49. 企業經營要有「追根究底」的精神，不追根究底，就無法知道事實真相。

50. 要生產、開工廠、省成本、談採購、做管理、談領導，都要追根究底。

51. 永遠相信：好還要更好。

52. 上班族學習五法：多聽、多看、多做、多問、多讀。

53. 人的一生，要不斷學習，永遠進步。

54. 站在消費者的立場，貫徹對品質的堅持。
55. 不能因為賣得好就滿足，一定要毫不停止的繼續精進商品力。
56. 做出更高價值的商品，這件事沒有終點！
57. 只要能對應變化，市場就不會飽和。
58. 真正的對手，是變化無窮的顧客需求。
59. 企業要不斷的改變，要不斷的增加附加價值。
60. 要讓顧客驚喜意想不到，要滿足顧客不斷上升的期待。
61. 要為顧客著想，要站在顧客立場，要融入顧客情境，這樣企業才會成功。
62. 今年度最重要的任務，就是：因應變化。
63. 企業經營要採取「現場數據主義」，從細節找出關鍵環節。
64. 在組織裡，要推動「讓數據說話」的風氣。
65. 高效能會議，提高組織行動力。
66. 要以顧客至上！以顧客為念！要把顧客放在利潤之前！
67. 企業最終極的經營理念：以顧客為念。
68. 顧客要的，就是：商品多元選擇，快速到貨，價格便宜。
69. 犧牲短利，讓超過八成的顧客多次回購，提高回購率。
70. 企業想要有創新，就要有破壞。
71. 企業經營必須採取長期思維，要做長期的事。
72. 一切都是從長遠來看。
73. 不必管競爭對手，掏錢的不是他。如果你是顧客導向，你就會力求進步。
74. 對顧客永遠全心關注。
75. 敢於革自己的命。
76. 如果你老把眼光放在競爭者身上，你只會跟隨競爭者腳步做事。
77. 如果你把眼光放在顧客身上，才會讓你真正領先。
78. 重視數據，善用資料做決策。
79. 唯有創新，企業才能生存。
80. 深度創新，用新方法解決難題。
81. 企業經營，要永遠保持開業「第一天」（day 1）的心態，才能永續經營。

82. 企業經營，要永遠戰戰競競。
83. 企業用人、企業做產品，要永遠聚焦於高標準。
84. 企業要產生快速決策，要崇尚行動，行動第一主義。
85. 快速決策＋趕快行動。
86. 如何讓全體員工都有意願參與企業經營，且激發出每個人的鬥志，是一切企業經營的起點。
87. 要以事業夥伴的態度對待全體員工、看重員工。
88. 要與員工共同擁有這個企業遠大的理想與抱負。
89. 經營者要與全員共享利潤分配。
90. 要不安於現狀，要經常從事創造性的工作。
91. 創造才能帶來改變。
92. 領導者要站在最前線，不要把一切全部交給第一線。
93. 成立多個利潤中心制度，是最好的組織模式。
94. 身為最高經營者，他經常會思考未來要如何拓展公司，以及公司應該發展的方向。
95. 領導者一方面到第一線去協助解決問題，另一方面也是鼓勵大家。
96. 企業經營就是要制訂高遠目標，並全力做好每一天，才能成就偉大事業。
97. 企業必須建立能夠因應市場變化的靈活組織。
98. 擁有一個能夠臨機應變而有效率的組織體。
99. 企業經營面對外部激烈的變化，朝令夕改也是必要的。
100. 組織不能太過僵化，必須打造任何此刻都能作戰的組織體制。
101. 要選拔出有實力的人才，擔任各部門主管。要以「人才實力主義」為組織最高原則。
102. 利潤中心制度，可以塑造出良性的組織競爭氣氛，讓組織保持動態進步。
103. 利潤中心制度，可以培養出更多、更好的年輕人才幹部。
104. 最佳的企業組織，就是實現全員參與管理。員工就像家人一樣，這就是大家族主義。
105. 組織行動必須帶著完成預定目標的強烈意志力與執行力。

106. 每位員工必須一直努力到每月底最後一天結帳時間為止。
107. 企業經營必須每月進行損益表檢討，以及每天營運數據檢討。
108. 從數據檢討中，找出原因，訂定對策，快速改善，以維持好業績。
109. 必須讓每一個利潤中心都能變強、都能獲利更好。
110. 日本企業並不贊成100%只看成績的成果主義，這不適合日本的民族性。
111. 企業經營必須「以人為本」、「善待員工」，才能雙贏成長。
112. 公司應該把員工當成是資本，員工就變成企業不可或缺的寶貴資源。
113. 日本企業致力於推動「終身僱用＋實力主義」制度，員工就會安心工作。
114. 能夠讓人成長的公司，就叫做好公司。
115. 提供員工一個能夠安心工作到退休為止的環境。
116. 公司要有團隊，但沒有派系。
117. 好制度，讓工作事半功倍。
118. 一旦建立起制度，員工就會自然而然改變行為。
119. 凡事都要建立好的制度運作。
120. 策略二流無妨，只要執行力一流就行。
121. 策略，談太久，不執行，就是紙上談兵而已。
122. 強大執行力，可以彌補策略的缺失。
123. 根據「顧客意見」，打造暢銷商品。
124. 當主管，必須有能力對公司或部門規劃出中長期的發展，這才是高等布局功力的表現。
125. 千萬不要放下學習的習慣。
126. SOP（標準作業流程）只是最低標準。要不斷修正、優化、調整、與時俱進。
127. 領導力的組成，是：權力＋能力＋激勵。
128. 企業價值鏈＝主要活動＋支援活動。
129. 企業價值是由人才團隊所形成的。
130. 三種基本競爭策略：(1) 低成本領導策略，(2) 差異化策略，(3) 專注策略。
131. 企業經營必須保有「競爭優勢」。
132. 企業經營必須採取「成長策略」，才不會在原地踏步。

133. 企業為了生存，必須成長。

134. 企業透過併購而成長，是最快速的。

135. 對長期不賺錢，也沒有未來的事業，必須予以裁撤。

136. 企業若能建立一條龍垂直整合作業模式，將具有相當優勢。

137. 企業規模逐漸擴大時，可朝多角化策略方向走。

138. 拓展完整、育全的產品線，可以增加營收及獲利。

139. 同業或異業的策略聯盟可以擴張事業版圖。

140. 管理是關乎人的！管理是一種方法！管理可以提升組織生產力！

141. 人，才是管理的重點。

142. 企業唯一的目的，在於創造顧客。

143. 沒有顧客，就沒有企業。

144. 管理的執行，要強調「目標管理」。

145. 在21世紀的現代企業，要注重「知識工作者」。

146. 領導是做對的事情（Do the right thing），而管理則是把事情做對、做快（Do the thing right）。

147. 企業經營要重視效率與效能；效率是做事要快，效能是做事要對。

148. 學習不間斷，才能和契機賽跑。

149. 我只有一句話：繼續學習！終身學習！勤學習！

150. 這世界，每天充滿了改變，但不要害怕改變。因為每一次改變就帶來一次更加成長的契機。

151. 發展人才是企業人力資源管理的重點。

152. 企業經營必須兼顧短期與長期的觀點。

153. 創新是持續成長的不二法門。

154. 唯有「創新」，才能「成長」。

155. 不創新，就死亡！

156. 行銷，就是要滿足顧客的需求，也要符合顧客的價值觀。

157. 行銷，就是「創造顧客的策略」。

158. 企業應該打造一個具有「創新能力」的組織體。

159. 無處，都可創新。
160. 鼓勵全員，勇於創新。
161. 公司應允許容忍偶而幾次的創新失敗。
162. 發放高額誘人的創新獎金，以激勵全員士氣。
163. 行銷，就是把創新，放在消費者的需求上。
164. 行銷要成功的原則，就是「跟顧客學習」。
165. 有顧客，才有一切；顧客滿意，才能獲利。
166. 問題的答案，永遠在顧客身上。
167. 領導者的首要工作，就是要讓號角響起，讓大家跟著號角向前衝。
168. 人才對了，策略就會對。
169. 找人與用人，是組織成敗的一大關鍵。
170. 如何找對的人，做對的事，才會有對的成果出來。
171. 領導者最該做的一件事，就是發掘人才、邀請人才、與重用人才；成功的企業家必須做到求才若渴。
172. 董事長級的領導者，要花60%時間在培育人才。
173. 人才，正是策略的第一步。
174. 既然要重用人才，就該授權他去發揮，要尊重他。
175. 領導者必須透過金錢與心理的獎勵，以激勵組織團隊的士氣高漲。
176. 領導者必須做好整個公司的短、中、長期戰略布局。
177. 領導者必須制訂出好的、對的、正確的策略與方向出來。
178. 管理者應該打造出高成效的理想組織體。
179. 組織必須愈扁平化愈好。
180. 領導者必須賞罰分明並激勵人心。
181. 全員要永存危機感。
182. 領導者要為組織全員設定大家一致努力的「願景目標」。
183. 行銷4P組合，是行銷活動的四大核心主體。

 （Product：產品力；Price：定價力；Place：通路力；Promotion：推廣促進力。）

184. 成功，就是不斷的學習、堅持學習。
185. 學習是一種責任與進步。
186. 企業經營要善於把握時機。
187. 發現時機、把握時機、抓住時機，成功就會到來。
188. 成功的團隊，需要優秀團隊。
189. 人才第一！團隊第一！
190. 沒有團隊，企業就是空的。
191. 做領導者要多傾聽員工的意見。
192. 做領導者不能太過獨裁，部屬必會產生怨言。
193. 做領導者要提升部屬們的自信心及榮譽感。
194. 管理者要責己以嚴，樹立榜樣。
195. 領導者要恩威並施，寬嚴並行。
196. 勢單力薄，唯有合作，才能步入成功。
197. 天道酬勤，有耕耘就有收穫。
198. 公司的信譽比賺錢更重要。
199. 思考有多遠，就能走多遠。
200. 真正的進步，始於創新的思維。
201. 唯有創新，才能打破困境，才能產生更高價值。
202. 最好的途徑，就是創造機遇。
203. 企業經營，要有一點冒險的精神，才能主動創造機遇。
204. 看人看優點，人盡其才。
205. 匯集全體員工的優點，成就企業。
206. 只有平庸的將，沒有無能的兵。

〈結語2〉企業經營成功：最重要90個「黃金關鍵字」圖示

企業經營成功：最重要的90個管理關鍵字（戴國良老師）

01	02	03	04
持續創新	快速行動	快速應變	強大執行力
05	06	07	08
策略正確	充分授權	人才團隊	人才第一
09	10	11	12
顧客至上	以顧客為念	滿足顧客需求	堅持品質
13	14	15	16
企業願景	有能力的董事會	技術領先	快速決策力
17	18	19	20
第二條、第三條成長曲線	組織團隊協力合作	強大領導力	堅持學習

21	22	23	24
公司治理	有責任心的各級主管	提高附加價值	拔擢有實力人才

25	26	27	28
值得信賴的企業	善盡企業社會責任	照顧員工福利	管理要制度化、標準化、資訊化

29	30	31	32
良好組織文化	加速展店	邊做、邊改	公司信譽至上

33	34	35	36
與全體員工共享利潤	領導者要站在最前面	採取利潤中心制度運作	晴天要為雨天做好準備

37	38	39	40
全體員工全力做好每一天	思考公司未來發展方向（布局未來）	靈活、機動、彈性組織體	朝令夕改，有時是必要的

41	42	43	44
打造隨時都能作戰的組織體	把顧客擺在利潤之前	力行「人才實力主義」	建立好的制度運作

45	46	47	48
布局短、中、長期事業發展	差異化、特色化策略	專注策略	一條龍垂直整合事業模式

49	50	51	52
完整、齊全的產品線	每一次改變，就帶來成長契機	唯有創新，才能成長	不創新，就死亡

53	54	55	56
人對了，策略就會對	冒險精神，主動創造機遇	找對的人，做對的事，對的成果才會出來	發掘人才 重用人才 留住人才

57	58	59	60
賞罰分明，激勵人心	善於把握時機	沒有團隊，企業就是空的	人才，正是策略的第一步

61	62	63	64
行銷4P運作成功	併購策略加速事業擴張	領導者要有遠見及前瞻性	正派經營

65	66	67	68
保有危機感	要不斷升級、進步，與時俱進	高CP值物超所值感	庶民經濟時代來臨

69	70	71	72
抓住未來發展趨勢與變化	顧客滿意，感動顧客	不斷變革，自我超越	用心觀察環境的變化

73	74	75	76
解讀未來的能力	培養出解決問題的能力	得到顧客100%信賴	策略就是想高、想遠、想深

77	78	79	80
從高處綜覽全局	短期與長期要兼顧	速度決勝，唯快不破	全員要有數字管理的概念

81
深入檢討每天營運數字

82
要有追根究底的精神

83
永遠相信：好，還要更好

84
持續改良商品力

85
重視現場數字主義

86
提高顧客回購率

87
重視行動第一主義

88
讓全員參與經營管理

89
敢於革自己的命

90
多讀、多問、多聽、多看、多做，就會成長、進步

END

參考書目

1. 王家英（2004年），《改變一生的相逢：徐重仁對工作與生活的觀想》，聯經出版公司。
2. 商業周刊著（2018年），《器識：張忠謀打造台積電攀登世界級企業的經營之道》，商業周刊出版社。
3. 松井忠三（2019年），《無印良品：成功90%靠制度》，天下文化出版公司。
4. 王擎天（2018年），《李嘉誠首富傳奇》，創見文化出版公司。
5. 盛治仁、盧智芳（2019年），《燃起主管魂：盛治仁的管理私房筆記》，天下文化出版公司。
6. 江裕真、稻盛和夫（2019年），《日本稻盛和夫經營術》，商周出版公司。
7. 陳維玉、稻盛和夫（2019年），《稻盛和夫的實踐阿耙經營》，天下文化出版公司。
8. 顏嘉南譯（2019年），《亞馬遜的管理聖經》，智富出版公司。
9. 李芳齡譯（2019年），《貝佐斯寫給股東的信》，大塊文化出版公司。
10. 林靜宜（2014年），《鼎泰豐：有溫度的完美》，天下文化出版公司。
11. 王慧娥譯（2015年），《日本7-ELEVEn：何以滲透你我的生活》，上奇時代出版公司。
12. 張佳雯譯（2014年），《賣到顧客的心裡》，先覺出版公司。
13. 徐重仁、洪懿妍（2019年），《走舊路，到不了新地方》，天下文化出版公司。
14. 謝其濬整理（2018年），《全聯：不平凡的日常》，天下文化出版公司。
15. 徐重仁、莊素玉（2016年），《流通教父徐重仁青春筆記》，天下文化出版公司。
16. 張殿文（2019年），《郭台銘語錄》，天下文化出版公司。
17. 何飛鵬（2017年），《18項修煉》，商周出版公司。
18. 何飛鵬（2019年），《主管的兩難抉擇：全能主管的必經之路》，商周出版公司。
19. 戴國良（2016年），《圖解彼得杜拉克・管理的智慧》，書泉出版社。
20. 戴國良（2018年），《圖解行銷學》，五南出版公司。
21. 戴國良（2018年），《圖解策略管理》，五南出版公司。

國家圖書館出版品預行編目資料

超圖解經營績效分析與管理/戴國良著. -- 初版. -- 臺北市：五南圖書出版股份有限公司, 2022.11
面； 公分
ISBN 978-626-343-400-4(平裝)

1.CST: 企業經營 2.CST: 企業管理

494 111015105

1F2G

超圖解經營績效分析與管理

作　　者 — 戴國良
發 行 人 — 楊榮川
總 經 理 — 楊士清
總 編 輯 — 楊秀麗
主　　編 — 侯家嵐
責任編輯 — 吳瑀芳
文字校對 — 張淑媏
封面設計 — 王麗娟
排版設計 — 賴玉欣
出 版 者：五南圖書出版股份有限公司
地　　址：106台北市大安區和平東路二段339號4樓
電　　話：(02)2705-5066　　傳　　真：(02)2706-6100
網　　址：https://www.wunan.com.tw
電子郵件：wunan@wunan.com.tw
劃撥帳號：01068953
戶　　名：五南圖書出版股份有限公司
法律顧問：林勝安律師事務所　林勝安律師
出版日期：2022年11月初版一刷

定　　價：新臺幣400元